韓国の北朝鮮研究第一人者が提唱する

日韓同時核武装の衝撃

鄭成長［著］
姜英之［訳］

ビジネス社

推薦の辞

日本も核保有の議論を始めよう

講談社『現代ビジネス』編集次長・コラムニスト
近藤大介

2023年夏、1冊のハングルの新著が届いた。韓国で発売されるや、しごく話題を呼んでいた鄭成長《チョンソンジャン》博士渾身《こんしん》の本書である。

一気呵成《かせい》に読んで、パンドラの箱を開けたような気になった。「さあ、これからは日本も議論しようよ、核保有論について」。

鄭成長博士は、1964年1月生まれで、ソウルの慶熙《キョンヒ》大学政治外交学科を卒業後、フランスのパリ大学で修士号と博士号を取得した。博士論文のタイトルは、『金日成主義：金日成から金正日へ』。1997年に帰国すると、韓国で最も権威あるシンクタンク「世宗《セジョン》研究所」で北朝鮮研究を続けた。

21世紀の初頭、私はジャーナリスト・金敬哲《キムギョンチョル》氏（元東京新聞ソウル支局記者）の紹介で、鄭博士を訪ねた。フレンチのランチをともにしながら、北朝鮮問題についてとことん議論した。以後20年あまり、ソウルで、東京で、北京で、何度となくお目にかかって話を聞いている。

鄭博士は、こういう表現は失礼かもしれないが、およそ韓流ドラマには登場しないタイプだ。権力欲や金銭欲にあふれてギラギラしているわけでもなく、豪放磊落《ごうほうらいらく》に明け方まで酒をかっ食らうこともない。日々ひたすら、北朝鮮の『労働新聞』や朝鮮中央通信、朝鮮中央テレビなどをフォローし、脱北者たちから話を聞いている。そして時に、韓国政府高官や議員たちに、北朝鮮情勢をレクチャーしている。「金珠愛《キムジュエ》が金正恩《キムジョンウン》の後継者」と世界で初めて公言した北朝鮮専門家も、鄭博士だ。

要は研究者としても、人間としても、信頼できる人物なのだ。そんな鄭博士は、8年前に「もはや北朝鮮の核開発は止められない」と悟った。同時に沸々《ふつふつ》と愛国心が湧き起こって、こう結論づけた。「それならば韓国も核保有して対抗するしかない」。実際、あれだけいがみ合ってきたインドとパキスタンも、前世紀末にどちらも核兵器を手にしてから紛争は沈静化した。

鄭博士は以後、「韓国核安保戦略フォーラム」を自ら立ち上げ、韓国における「核保有論」の牽引役を担ってきた。はじめは疑心暗鬼だった韓国国民も、今では7割が賛成。大統領や国会議員たちもが、「核保有」を公言したり、議論を始めるようになった。鄭博士は、「早ければ10年以内、遅くとも20年以内に韓国は核保有国になる」と断言する。

そうなると、約20年前に北京で開かれていた北朝鮮の核開発を巡る「6者協議」の参加国のうち、アメリカ、中国、ロシア、韓国、北朝鮮が核保有国。すなわち、「わが国はどうするの？」という議論が、日本国内で起こってくるだろう。

その前に、「中国ウォッチャー」である私からすれば、中国の軍事的脅威が急速に高まる中、少子高齢化で汲々《きゅうきゅう》とする日本が対抗していくには、防衛費の増額やささやかな「反撃能力」を身につけるだけでは、心もとない。できることなら、核兵器の保有が望ましいと考える。もちろん、世界唯一の被爆国である日本には、根強い「核アレルギー」があることも理解しながら。

核保有の議論というのは、本来なら憲法改正の議論のように、私たち日本人が提起し、進めていくべきことだ。だが日本でそうならないのは、「核アレルギー」に加えて、同盟国のアメリカが常に完璧に日本を防衛してくれるという「幻想」を抱いているからだろう。

そんな中、はからずも今回、日本と同じアメリカの同盟国である韓国から、「格好の教材」が出版された。核保有について、私たちがおよそ考えたり、時に疑問視したり不安がったりする要素は、本書にほぼすべて網羅されている。

本書を教材にして、私たちもそろそろ「日本の核保有」について、議論を始めようではありませんか。

日本語版刊行に寄せて

日本の読者の皆様へ

韓国核安保戦略フォーラム代表、韓国世宗研究所韓半島戦略センター長
鄭成長《チョンソンジャン》

北朝鮮の核の脅威に対応して韓国も独自の核兵器を保有することで南北朝鮮間の核均衡を成し遂げなければならないと主張する私の著書が日本語版で刊行され、日本の皆様に読まれることになり、大変うれしく思っています。

私の著書のタイトルを見て日本の読者は、筆者がおそらく韓国の極右専門家と思われるかもしれません。しかし本人は極右とは程遠い中道的な専門家であり、大韓民国で右に出る者がいないぐらいの平和主義者です。

一般の読者には「核武装」と「平和主義」は、矛盾しているように見えるかもしれません。しかし、敵対国間で力の均衡が壊れるとき平和も壊れやすく、力の均衡が成し遂げられれば平和も持続可能です。そういう観点から見れば、筆者は「現実的平和主義者」だと言えます。

万一、北朝鮮が核兵器を増やし続け、核兵器で威嚇しなければ、韓国があえて独自に核兵器を保有する理由がありません。だが、問題は北朝鮮が生存と自衛の次元における核保有に満足せず、大陸間弾道ミサイルまで開発していることです。さらに朝鮮半島有事に米国の軍事的介入と支援を阻止し、韓国の平定および征服まで目指していることが大問題なのです。

この状況下で、韓国が米国の傘に安全保障を全面的に依存するのは非常に危険であります。米国は朝鮮半島からあまりにも遠く離れているし、韓国に駐屯している米軍は核兵器を持っていません。そして米国本土が北朝鮮の核兵器で攻撃を受けない状態においては、米国国民が北朝鮮との核戦争までは望まないでしょう。それゆえ米国の核の傘は、韓国が望む瞬間に開かないこともあり得るし、開いたとしても北朝鮮の攻撃を十分に防ぐことができないかもしれません。

また朝鮮半島有事における米国国民の韓国防御の意志は減り続けています。米国の外交専門シンクタンクであるシカゴ国際問題協議会（ＣＣＧＡ）が２０２３年、米国の成人３２４２人を対象にした調査結果によれば、「北朝鮮が韓国を侵攻する場合、米軍が韓国を防御しなければならない」という回答は50％でありました。民主党の支持層の57％は米軍の韓国防御を支持する半面、共和党支持層の53％は反対すると回答しました。したがって、もし今秋の米国大統領選挙で共和党候補が当選すれば、北朝鮮が侵攻しても米国が韓国を積極的に支援しないかもしれません。すでにドナルド・トランプ候補は自分が大統領に再選されれば、ウクライナに対する支援を打ち切ると明らかにしたことがあります。

日本の国民は自国が外国から攻撃を受ける場合、米国が必ず守ってくれると絶対的に信じているようです。しかしトランプ氏が再選されれば、米国の国防総省長官に任命される可能性が高いクリストファー・ミラー元国防長官代行は2024年3月、韓国メディアとのインタビューで「韓国と日本は膨大な軍事力を持っているので、もっと大きな責任感を持つべきだ。拡大抑止においても米国は主導するのではなく、支援する役割でなければならない」と強調しました。トランプ氏が再選されれば、日本はこれ以上、過去のように米国に自国の安全保障を依存することはできないし、自国の防御を自ら主導しなければならない状況が現れるでしょう。

韓国では国民の過半数がずいぶん昔から独自の核武装を支持してきましたが、専門家の多くは核武装をタブー視、犯罪視、悪魔化してきました。しかし2022年のロシアによるウクライナ侵攻以後、韓国の専門家たちの立場が大きく変わり、現在は各種世論調査で韓国の外交安保専門家の3分の1以上が核武装を支持するようになっています。トランプ氏が再選されれば、専門家たちの過半数以上が独自の核武装を支持するようになるでしょう。

韓国の政治家たちは外交安保政策を樹立する上で専門家に大きく依存しています。それゆえ筆者は、米国の対外政策と核武装に対する韓国専門家たちの立場の変化によって、韓国が今後5~10年以内に核武装する可能性が高いと見ます。

日本ではいまだに独自の核武装論議がタブー視されているのを筆者もよく知っています。しかし米国が非介入主義または孤立主義の方向に進み、韓国も核武装するなら日本においても独自の核武装論議が大きく高まることにならざるを得ないでしょう。

韓国と日本が核武装すれば、北朝鮮と中国の反発で初期には北東アジア情勢の緊張がもっと高まるかもしれません。それでも時間が少し経てば、南北朝鮮間と日中間で核均衡が成し遂げられ、北東アジア情勢は過去のどの時よりも安定するとの見通しが立ちます。2つの戦争を同時に遂行できない米国にとっては韓国が北朝鮮の核を、日本が中国の核を安定的に抑制することが自国の利益にかなうことでしょう。それゆえ筆者は北東アジアの平和のため韓国と日本の核武装が絶対に必要だし、望ましいという立場であります。

今後日本の学会とマスコミにおいて多くの論争を呼び起こすと見られる本書の日本語翻訳と出版を引き受けてくれた東アジア総合研究所の姜英之理事長とビジネス社の唐津隆社長に深く感謝いたします。

平和と日韓関係の発展を願う日本の読者の皆様方には、核武装問題に対する先入観を捨てて本書を最後まで熟読してくださるよう希望いたします。

2024年7月19日　中国上海にて

はじめに

私は大韓民国で右に出る者がいない平和主義者だ。北朝鮮専門家として長い間、非核化を進展させ、朝鮮半島に平和体制を構築し、米朝および日朝関係正常化を通じて冷戦構造を解体するプランを積極的に模索してきた。

しかし2016年1月の北朝鮮の4回目の核実験は、私にとって非常に大きな衝撃となった。北朝鮮がこの時「試験用水素爆弾」を実験したと発表したためだ。一時、東アジアで猛威を振るった日本帝国主義は、1945年に原子爆弾2発で徹底抗戦をあきらめ、米国に降伏せざるを得なくなった。

ところが北朝鮮がその原子爆弾より、はるかに強力な水素爆弾の本格的開発の意図を明らかにしたのだ。したがって私は北朝鮮の核兵器が生存や交渉の次元を超え、韓国の安全保障と国家生存への深刻な脅威になると判断した。そして当時、専門家たちと議論し、多くの資料を検討した後、もはや韓国が独自の核武装（核自強）に進むしかないという結論に至った。

中道の私が2016年に「核武装」を主張すると、当時私をよく知っていた専門家や言論人らは非常に当惑した。その時まで「核武装」を主張していた人々は主に極右の専門家や政治家だったからだ。しかし私の主張は、北朝鮮への核先制攻撃の必要性まで主張する核武装論とは明らかに違う。南北の核の均衡を通して朝鮮半島で核戦争の可能性を根本的に除去し、持続可能で安定的な南北協力の土台を構築する方向に進もうというのが私の立場だ。

核武装を主張すれば「北朝鮮と核戦争をしようということか？」と誤解する人々がいる。ところが、これまで核保有国同士が全面戦争をした事例はただの1件もない。インドとパキスタンの両国も以前は3度も全面戦争をしたが、核武装後には局地戦や限定的な規模を超える全面戦争はただの1度も起きなかった。これと同様に、韓国が核兵器を保有すれば、南北間に非常に限定的な局地戦が発生する可能性はあるにしても、全面戦争の危険は消えるだろう。

私は文在寅《ムンジェイン》政権発足後も核武装の必要性を強調し、2018年に南北および米朝首脳会談が推進される際、青瓦台《せいがだい》国家安保室に「非核・平和タスクフォース」を作り、韓国社会で権威ある専門家を集め、米国、中国がいずれも受け入れ可能な北朝鮮の非核化と国際社会の相応措置に関する解決策を韓国が主導的に用意しなければならないと主張した。しかし残念なことに当時の韓国政府は、ドナルド・トランプ大統領と金正恩《キムジョンウン》総書記が会って決断を下せば、非核化問題が簡単に進展するとみてばか正直に対処した。その結果、2019年2月のハノイ米朝首脳会談の決裂後、北朝鮮が米国との非核化交渉を放棄して再び核とミサイル能力を高度化すると、韓国政府は無気力に見守るしかない立場に置かれることになった。

2022年2月、ロシアは専門家の大半の予想に反してウクライナに侵攻した。その後、米ロ関係が全面対決状態になると、北朝鮮は国連安全保障理事会の制裁を受ける憂慮なしに自由に大陸間弾道ミサイル（ICBM）などを試験発射した。そして米中戦略競争の激化で、北朝鮮問題に対する米中間の協力ももはや期待できなくなった。さらに悪いことに2022年4月から北朝鮮は戦術核兵器の前線配備の意図を明らかにし、核威嚇《いかく》を露骨化させている。

このように朝鮮半島の安全保障環境が急変したことで、私は2022年6月から学術会議などを通じて核武装の必要性を再び積極的に強調することになった。その過程で、核武装論に対する専門家たちの拒否感が6年前より驚くほど減ったことを発見した。あるセミナーでは、専門家たちが賛否の立場に分かれて互いに激しく論争する、過去には想像できなかった光景を目撃したりもした。

その後、私は核武装に同意する専門家と青年の集まりである「韓国核自強〈武装〉戦略フォーラム」〈2024年7月1日より韓国核安保戦略フォーラムに名称変更〉を創立した。その過程では保守だけでなく、中道または進歩の専門家の多数が喜んで参加意思を示し、非常に驚いた。私が「再び銃を構えることにした」と言うと、まったく思いもよらなかった専門家たちが「一緒にやろう」「一緒に新しい歴史を作ろう」と呼応したりしてきた。本来はこの集まりを専門家中心の「研究会」として構成しようとしたが、共感する青年が多いという事実が分かり、結局は両者がともに導いていく「フォーラム」に拡大し組織した。

２０２３年３月、韓国国際政治学会は国際政治分野の専門家１４６人を対象にアンケート調査を行い、韓国の核武装に62・３％が反対意見を示し、賛成意見は31・５％だったと発表した。反対意見が賛成意見より多かったが、国際政治専門家の中で賛成意見が30％以上だった点は非常に驚くべき事実だ。もしこの調査を2年前くらいに行ったとすれば、賛成意見が10％にも満たなかっただろう。2、3年後に再び同じアンケート調査を行えば、国際政治の専門家の50％以上が核武装に賛成する結果が出る可能性もあるだろう。

一般国民を対象にした世論調査では、保守と進歩を問わずおおむね60％以上が韓国の核保有を支持していることが分かった。そして政治家と言論人の間で支持の声がますます高まっている。しかし韓国の核武装論がまだ体系的な形で提示されておらず、これに対する支持が心情的な形にとどまる場合が多く、果たして可能なのかという懐疑的な見方もある。

私は中道的・超党派の核武装論を体系化して提示することをこれ以上先送りできないと判断した。そこで２０１６年から、特に２０２２年から数多くの公開または非公開セミナーで発表した内容を統合し補完して本書を出すことになった。執筆は私が行ったが、これまで討論に参加した専門家たちの意見が含まれている。特に韓国の生存戦略としての核武装を支持する方々の意見や質問などを最大限反映したため、本書は集団知性の結集物と言える。

私は本書を通じて、何よりも核武装論を体系化された形で提示したかった。そのために、まず序章で安全保障不感症によって韓国が無防備な状態で外部侵略を被《こうむ》った歴史的経験を想起させた。そして第1章では、韓国が核武装を積極的に考慮しなければならない理由を指摘した。韓国社会の一部では保守的な主張と見なす傾向があるが、核武装を通じて進歩勢力が追求してきた自主外交、自主国防、南北和解協力の方向に進むことができるため、これは進歩勢力の主張になり得ることを強調した。第2章では、交渉による北朝鮮の非核化の可能性がなぜ希薄なのか分析した。第3章では、北朝鮮の核の威嚇が単なる示威的に過ぎないのか、それとも安全保障に対する実質的な挑戦になっているのかを検討した。第4章では、北朝鮮の核とミサイル能力の高度化で、米国の拡大抑止の限界がますます明確になっている点を指摘した。第5章では、核武装推進のための対内外的な条件が何であり、チェックリストには何が入らなければならないか具体的に分析した。第6章では、核保有能力に関して、米国と韓国の専門家の研究を通じて考察した。第7章では、南北核均衡と核削減のための4段階アプローチを提示し、第8章では、核武装問題に関して米国の学界と政界でどのような議論が行われているのか、韓国が米国と中国をどのように説得すべきかについて探った。第9章では、大胆で洞察力のある指導者と超党派協力の必要性を指摘し、第10章では、批判する論理に対する反論と、よくある質問に対する回答を載せた。

本書は、外交安全保障専門家や政治家、そして政策担当者たちに韓国の核武装がなぜ必要なのか、もしそのようなオプションを推進するならどのような障害を乗り越えなければならず、どのような利益を得ることになるのかについての大きなデザインを提示することを主な目的としている。したがって一般大衆がこの本を読むには、多少容易ではない部分があるかもしれない。しかし平和と未来に対して愛情を持つ方々なら、読むのに大きな困難はないだろう。

この本の出版が核武装論に関する議論をさらに体系化し、発展させる契機になることを願う。反対する専門家たちも拙著を読んで、交渉による北朝鮮の非核化の可能性、核脅威認識の問題、拡大抑止の限界、韓国の核保有オプションなどについて包括的かつ深層的に論議できることを希望する。

この本が出版されるまで、これまでともに悩み、討論に参加してきた韓国核安保戦略フォーラムのイ・チャンウィ、チョン・ギョンヨン、イ・ベクスン戦略顧問、そしてフォーラムの外縁を拡張し、関連の国内外の議論動向を持続的にチェックし共有してきたイ・デハン事務総長および運営委員と青年会員たちのこれまでの協力と助力に心より感謝申し上げる。

2022年7月、第13回アジア・リーダーシップ・カンファレンスを通じて知り合った米国ダートマス大学のダリル・プレス教授、釜山大学のロバート・ケリー教授との出会いも議論をより緻密《ちみつ》にするのに大きく役立った。彼らの鋭い分析とコメント、および協力に感謝申し上げる。

この他にも、筆者が持論を発表して発展させるのに役立った多くの専門家と前・現職の政治家たちにも深く感謝する。私が核武装論を発展させる上で言論人との対話も非常に役立った。これまで私の主張に共感し、深い関心を示してくれた内外の多くの言論人にも感謝するところだ。

最後に、韓国社会で長い間タブー視されてきたテーマの出版について悩んだ末、出版決定を下してくれたメディィチメディアのキム・ヒョンジョン代表に深く感謝する。

執筆する過程で多くの方から過分な関心と愛を受けた。しかし至らぬ点があれば、それは筆者の責任だ。至らない部分は今後、改訂版を通じて補完していくことを約束する。

2023年8月
世宗研究所の研究室で

鄭成長《チョンソンジャン》

2部 核武装に向けたチェックリストと推進戦略

3部　Q&A

本書は2023年8月に韓国メディチメディア社より刊行された『なぜ我々は核保有国にならなければいけないのか』に日本人読者向けの特別寄稿を加えた日本語版です。なお本文中に〈 〉カッコで記載した部分は訳者が補足として説明を入れた部分です。また原書における表記は日本メディアで常用されているものに統一しました。本文中のナンバーリングは脚注で、各部の最後に掲載しました。

1部

北朝鮮の核威嚇と韓国の核保有の必要性

序章　安全保障を疎かにすれば国家生存も平和繁栄もない

我々の歴史を見れば「敵の実情」を正確に把握しようとする努力が不足し、数年間の侵略で全国民が莫大な人的・経済的被害を受けたことが1度や2度ではなかった。1591年に日本を訪問して帰ってきた通信使一行のうち、黄允吉《ファンユンドル》正使は日本がまもなく侵略すると報告したが、金誠一《キムソンイル》副使は侵入する情況を発見できなかったので恐れることはないと主張した。当時、朝鮮の朝廷はこのように相反する報告に対し、何が真実なのかを把握しようとする努力を回避し、僥倖《ぎょうこう》を願って副使の報告に傾いた。そして各地に命じて築城など戦争に備えた防備を急ぐことさえ中止させた。

その結果、1592年に日本が朝鮮を侵略した時、数多くの農民が無残に殺傷され、7年間の戦争で全国土が荒廃した。正確な被害を把握することは難しいが、全人口の4分の1から3分の1程度が死んで経済が100年後退したという分析もある。

文禄《ぶんろく》・慶長《けいちょう》の役《えき》（壬辰《じんしん》倭乱《わらん》）は、敵の実情を正確に把握するのが安全保障に非常に重要であることを悟らせた。そして朝鮮戦争〈1950年6月25日～1953年7月停戦〉は私たちの社会が依然として「敵の実情」と「味方の戦力」に対する正確な把握の重要性を認識できずにいたことを再び確認させてくれた。

朝鮮戦争が発生する約6カ月前の1949年12月27日、陸軍本部情報局では朴正熙《パクチョンヒ》、金鍾泌《キムジョンピル》、李永根《イヨングン》各氏などの主導で年末総合報告書を作成、北朝鮮の南侵可能性に関して詳細に報告したのに、政界と軍首脳部はこれを真剣に検討しなかった。その結果、北朝鮮軍攻撃15日前の1950年6月10日に人事異動を電撃断行し、前線師団長と陸軍本部指揮部の大部分が交代した。そのため勃発当時、韓国軍の前線指揮部は自らの部隊の掌握と任務の把握もできていなかった。

さらに悪いことに、直前の6月23日24時に韓国軍は6月11日16時から維持されていた非常警戒命令である「作戦命令第78号」を解除した。そして約3分の1に及ぶ兵士たちが24日（土曜日）未明から休暇や外出で兵舎を抜け出していた。

戦争前、韓国軍首脳部は「朝食はソウルで、昼食は平壌で、夕食は新義州〈鴨緑江をはさんで中国と向き合う都市〉で」という言葉で北朝鮮との戦争に対する自信を示していた。そして勃発直後に国会に出席した申性模《シンソンモ》国防長官と蔡秉徳《チェビョンドク》陸軍総参謀長は「もし攻勢をかけるならば1週間以内に平壌を奪還する自信がある」と報告した。しかし北朝鮮軍が南侵を開始した時、韓国軍はほとんど無防備の状態で大きな打撃を受け、戦争勃発3日後に首都ソウルが占領された。

4世紀ローマの戦略家ウェゲティウスは「平和を望むなら戦争を準備しろ」と喝破《かっぱ》した。ところが朝鮮戦争が終わって70年が過ぎた今、韓国政府と社会が平和を守るために北朝鮮の攻撃可能性に対してどれほど十分に備えているかは疑問だ。現在、北朝鮮は約80～90発の核弾頭を保有していると推定されるが[1]、韓国軍と社会は核攻撃にまったく準備ができていない。

李明博《イミョンパク》政権時代、南北間では大青《デチョン》海戦〈2009年11月10日、黄海上の南北軍事境界線と言われる北方限界線（NLL）を越境してきた北朝鮮海軍警備艇と韓国海軍高速哨戒艇との間の銃撃戦。近辺の韓国領土の大青島にちなんで大青海戦と名付けられた〉、天安《チョナン》艦爆沈〈2010年3月26日、北方限界線付近（白翎島西南方）を航行中だった韓国海軍哨戒艇「天安」号が撃沈された事件で、多数の兵士が死亡。北朝鮮による魚雷攻撃とされた〉、北朝鮮による延坪《ヨンピョン》島砲撃〈2010年11月23日、韓国仁川市北西海上に位置する延坪島で砲撃軍事訓練をしていた韓国海兵隊をめがけて朝鮮人民軍が砲弾攻撃を行ったため韓国軍も朝鮮人民軍の砲台を目標に対抗射撃を行った。朝鮮人民軍の砲撃を受け、韓国側は、兵士2人、民間人2人が死亡、多数の負傷者と民間施設火災などの被害を受けた〉という3度の軍事的衝突があった。その時は低い水準にとどまっていたが、今では北朝鮮は大陸間弾道ミサイルと水素爆弾、戦術核兵器までも保有している。このため再び南北間で軍事的衝突が発生すれば、13、14年前とは非常に異なる様相で展開する可能性が高い。

北朝鮮の金正恩《キムジョンウン》朝鮮労働党総書記は2022年4月25日の軍事パレードで「我々の核が戦争防止という1つの使命だけに縛られているわけにはいかない」と述べた。にもかかわらず一部の専門家はこの発言を無視し、北朝鮮指導部があたかも米国との対話にだけ執着しているかのように主張しているが、これは韓国の安全保障意識を麻痺《まひ》させるものだ。

韓国が壬辰倭乱や朝鮮戦争のような悲運を二度と経験しないためには、信頼性がますます弱まっている米国の拡大抑止に対するほぼ全面的な依存を改め、自らの力で自らを守る決断と緻密な準備が必要だ。もちろん、独自の核保有は短期間で簡単に達成できる目標ではない。対内外的に多くの条件が満たされて初めて実現可能になる。

第1章　韓国が核武装を積極的に考慮しなければならない理由

最近実施された世論調査の結果を見ると「国民の力」〈与党〉と「共に民主党」〈最大野党、中道左派政党〉の支持者、そして保守と進歩の国民の約3分の2以上が韓国の独自の核武装を支持していることが確認されている。したがって核武装に対する共に民主党の盲目的な反対の立場は、民心と大きく乖離《かいり》している。この章では同党が追求してきた「非核・平和政策」がもはや実現可能ではなく、核武装を通じて自主外交と自主国防、国益中心外交、南北関係正常化、福祉政策などの可能性が大きくなるので、保守勢力だけでなく進歩勢力も真剣に検討しなければならないことを指摘したい。

1　交渉による北朝鮮非核化の可能性は希薄

韓国の歴代政府は、盧泰愚《ノテウ》政権（1988～1993）の時期から「朝鮮半島非核化」または「北朝鮮非核化」を不変の政策目標として提示してきた。ところが北朝鮮は2017年に「国家核武力完成」を宣言し、2019年の米朝非核化交渉決裂後、再び核とミサイル能力の急速な高度化を追求している。こうした状況で「北朝鮮の非核化」という目標が依然として実現可能な目標なのかどうかに対する冷静な評価が必要だ。

もし北朝鮮が米国および韓国との非核化交渉のテーブルにつき、核放棄と国際社会の制裁の緩和、米朝関係の正常化、平和協定などを取引する案について真剣に議論する意思があるなら、韓国があえて核保有を推進する理由はないだろう。しかし第3章で詳しく見るが、北朝鮮はもはや米国と非核化問題に関して論議せず、むしろ核弾頭を幾何級数的に増やすという立場だ。したがって非核化交渉の再開を期待するのは非常に非現実的だ。

2　通常兵器で核兵器に対応できない明白な限界

現在、韓国政府はあたかも通常兵器でも北朝鮮の核兵器に十分対応できるかのように主張している。これは国民の不安を解消するために兵器の威力を誇張しているだけで、実際とは違う。一部のメディアや専門家は、韓国国防部が弾頭重量8tを超える「怪物ミサイル」と呼ばれる「玄武《ヒョンム》-5」の試験発射を準備しており、このミサイルを同時に発射すれば核に匹敵する威力を発揮できると主張する。そして玄武-5ミサイルが地下100m以上の坑道《こうどう》とバンカー（掩体《えんたい》壕《ごう》）の攻撃が可能だと説明する。[2] このミサイルを「戦術核兵器級で有事の際、地下深くにある敵地バンカーなどを破壊できる在来式高威力・超精密怪物ミサイル」と説明する記事もある。[3]

だが北朝鮮が10kt（1ktはTNT火薬1000tの爆発力）の威力の戦術核爆弾をソウル上空400mで爆発させれば、少なくとも7万7600人余りが死亡し、26万8590人が負傷するものと予想される。爆発による直接的な被害半径も4・26kmに達するものと推定される。[4]したがって、戦術核兵器とその威力が非常に限定的な玄武-5ミサイルを比較すること自体が話にならない。その上、玄武-5ミサイルは2023年7月時点でまだ試験発射もしておらず、2030年初めの戦力化を目標にしているという分析もある。実戦配備までは遠いのが実情だ。

一方、北朝鮮が2017年9月に実験した水素爆弾の威力は、戦術核兵器の10～30倍程度の100～300ktに達したと評価されている。

もし韓国が通常兵器で北朝鮮の核兵器に対応しようとするなら、莫大な国防費が必要である。そうしても北朝鮮の核兵器に効果的に対応することは根本的に不可能だ。もし通常兵器で核兵器に対応できたなら、北東アジアで猛威を振るった日本が1945年に原子爆弾2発を浴びてすぐに降伏することはなかっただろう。

3　北朝鮮の核・ミサイル能力の高度化と米国の拡大抑止の低下

米国の拡大抑止は、北朝鮮が非核国家でICBMを保有していない時に信頼できる方式だ。

北朝鮮の核とミサイルの能力が急速に高度化し、大陸間弾道ミサイルで米本土を攻撃する能力をほぼ確保した状況で、韓国を守るために米国が北朝鮮の核攻撃を受けることまで甘受できるかどうかは疑問だ。北朝鮮の核兵器が安全保障を深刻に脅かしており、そのＩＣＢＭ技術が進展するにつれ米国の拡大抑止に対する信頼度が低下している。このため、韓国は運命を米国だけに頼るのではなく、自分の力で守る方向に進まなければならない。

２０２２年10月５日に開催された世宗国防フォーラムで、コン・ピョンウォン延世大学航空宇宙戦略研究院安全保障戦略センター長（元合同参謀本部戦力企画次長）は、「北朝鮮が『米国がもしわが国に核攻撃を敢行すれば、我々もシアトルやＬＡに対して撃つ』と脅しをかければ、米大統領が核を使用するのは非常に難しいだろう」と評価した。

コン・センター長は、米国の学者たちと数回にわたってセミナーを開催し、このような状況で米大統領が北朝鮮に核兵器を使用できるかどうかを尋ねた。しかし学者の大半は「大統領は核使用を決断できないだろう」と答えたという。[5] 米国の核使用は大統領が決めることになっている。したがって米国が核戦争を避けるために北朝鮮への核報復攻撃の決心を下すことが難しいなら、一部の専門家の主張通り、米国の戦術核兵器を再配備したり、米韓日が核を共有したりしても状況は大きく変わらないだろう。

4　朝鮮半島で核戦争防止のための最も効果的な方法

北朝鮮は、２０２２年4月から戦術核兵器の前線実戦配備計画を公表し、以後これを実行に移している。９月には韓国に対する先制核使用まで正当化する法令を採択した。そして韓国の主要軍事施設や空港、港湾などをターゲットにした戦術核ダミー訓練も進めている。

この状況で北朝鮮の誤った判断による核使用と核戦争を防ぐための最も効果的な方法は、韓国の独自核保有だ。北朝鮮は金正恩氏をはじめ指導部が直接攻撃を受ける極端な状況でなければ、韓国に核兵器を使用することはあり得ない。しかし核兵器がない状況では、北朝鮮が有事の際、核兵器を使用する可能性はある。それゆえ、ここで韓国の核保有の必要性を強調する理由は、核兵器で戦争するためではなく、北朝鮮が核兵器を使用できないようにするためだ。

一部の極右勢力の核武装議論は、北朝鮮を軍事的に攻撃し制圧する状況まで考慮している。しかし、これは南北の共倒れをもたらしかねない非常に危険な立場だ。したがって合理的な主張としては核を保有するものの、外部から深刻な軍事的攻撃または核攻撃を受けるまでは先に核を使わないという「核先制不使用（ＮＦＵ、No First Use）原則」を採択することが望ましい。もし韓国政府が核兵器を保有し、この核先制不使用の原則を公にすれば、北朝鮮も韓国の「先制攻撃」に対する憂慮から核兵器を先に使用しようとする誘惑から脱することができるだろう。

5　米国の政権交代に影響されない堅固な安全保障と南北関係

米国では4年ごとに大統領選がある。孤立主義を標榜する政治家が大統領に当選すれば、韓国に対する防衛公約は弱まるほかない。もし2024年の米大統領選でトランプ氏のような政治家が大統領に当選すれば、米国は再び孤立主義または「米国優先主義」に回帰する可能性が高い。そうなると韓国の運命を自らの力で決定しなければならなくなる。4年または8年ごとに大統領が変わる米国に、ほぼ全面的に頼ることは不合理である。

現在、韓国は北朝鮮の脅威に対抗して自らを守ることができる核兵器がないため、米国の拡大抑止に依存せざるを得ない。その結果、政権の交代で米国の対北朝鮮政策が変わることになれば韓国の対北朝鮮政策も大きな影響を受けることになる。しかし韓国が核兵器を保有することで南北の核均衡が実現すれば、韓国政府が米政府の対北朝鮮政策の変化によって受ける影響が相対的に少なくなり、比較的安定的に南北関係を管理できるようになるだろう。

6　韓国の核保有に対する米国の変化の可能性

韓国の核武装に反対する専門家たちのほとんどは、米国が韓国の核保有を絶対に容認しないと主張する。しかし、2016年に当時のドナルド・トランプ米共和党大統領候補は、韓国と日本が北朝鮮と中国から保護されるために米国の核の傘に依存する代わりに、自ら核を開発することを認めると明らかにしていた。[6] 米国の学界でも北朝鮮の深刻な核脅威に直面した「韓国政府が独自の核保有を推進する場合、米政府がこれを受け入れなければならない」という声と「米政府が韓国政府と核保有問題についても議論しなければならない」という声が高まっている。それゆえ、現在のバイデン政権が韓国の核武装に反対しているとしても、2024年またはその次の米大統領選でトランプ氏のように韓国の核武装に対して寛容な態度を持った政治家が大統領に当選すれば、韓国が米国の黙認の下、独自の核保有への道が開かれる可能性がある。

7 ウクライナ侵攻以後の核不拡散体制の亀裂

2022年のウクライナ侵攻後、北朝鮮が米国本土を攻撃できるICBMを試験発射しても、ロシアと中国の反対により国連安保理で対北朝鮮制裁が一切採択されずにいる。したがって韓国が国家生存のために核武装を決定しても、米国は国連安保理で韓国に対する制裁が採択されることに反対せざるを得ない状況だ。結局、ウクライナ侵攻後に起こった国際核不拡散体制の深刻な亀裂によって、北朝鮮は核とミサイル能力の急速な高度化を実現できるようになった。さらに韓国も国際社会の超強力制裁に対して恐れなく核武装に進むことができる根本的に新しい環境が造成された。

2023年6月16日、プーチン大統領は第25回サンクトペテルブルク国際経済フォーラムの演説で、ロシアの戦術核兵器の一部をベラルーシに配備し、年末までに追加配備する予定だと発表した。すでに3月に両国はロシア戦術核のベラルーシ配備に合意しており、5月には両国の国防相が戦術核配備に関する協定を締結した。ロシアは核弾頭の積載が可能なイスカンデル短距離弾道ミサイルを提供し、ベラルーシ戦闘機が核弾頭を搭載できるよう支援することにした。核弾頭は、旧ソ連時代にベラルーシに建設された核兵器貯蔵施設を改修して保管することにした。このようなロシアの迅速な戦術核配備は、核不拡散体制の亀裂がさらに大きくなっていることを示す事例だ。[7]

8　米朝敵対関係の緩和と南北関係の正常化

北朝鮮は、韓国が非核国家であるため自分たちの相手にならないと見て、核保有国である米国のみ相手にするという立場だ。そのため米本土を攻撃できるICBM開発を引き続き進めており、原子力潜水艦の開発まで推進している。このように北朝鮮が核とミサイル能力を高度化すればするほど米朝間の敵対関係は深まるほかなく、南北関係もさらに悪化する見通しだ。

しかし韓国が核を保有していれば、北朝鮮は遠くにある米国の核よりも近くにある韓国の核に、より神経を使わざるを得ない。しかも偶発的な核戦争を予防するための南北軍備統制を拒否できなくなり、米朝間の敵対関係は相対的に緩和される可能性が高い。そして韓国政府が交渉を通じて北朝鮮の核実験とICBM発射中止、段階的な核削減、国際社会の対北朝鮮制裁緩和、米朝関係改善などを引き出すことができれば、それによって金剛山《クムガンサン》観光再開と開城《ケソン》工業団地の再稼働を皮切りに安定的で持続可能な関係正常化を実現できるだろう。

北朝鮮が2021年5月12日に公開した金正恩氏の2018~2019首脳外交写真集『対外関係発展の新時代を切り開いて』を見ると、米朝首脳会談の成功に大きく寄与した文在寅大統領の顔をどこにも見ることができない。北朝鮮が対外関係に南北関係を含んでいないとしても、2019年6月に板門店《パンムンジョム》で金正恩総書記とトランプ大統領が出会う場には文在寅大統領も

写真1-1　北朝鮮が公開した写真から消えた文在寅大統領

資料：労働新聞2019.7.7.1『対外関係発展の新時代を切り開いて』（平壌、外国文出版社、2021）

確かに一緒にいた。

ところが、この写真集は金総書記とトランプ大統領、文大統領が一緒に歩いていく写真から文大統領を意図的に削除した。これは２０１９年７月１日付の「労働新聞」の３面に掲載された写真と、２０２１年に発刊された写真集に収録された同じ２つの写真を比較してみると明確に確認できる。

２０１８年の米朝首脳会談が実現する上で、文在寅大統領が非常に重要な役割を果たし、当時は金正恩氏も文大統領に深い感謝の意を表した。しかし２０１９年２月のハノイ米朝首脳会談の決裂後、北朝鮮が韓国の役割を徹底的に無視している事実を進歩勢力ははっきりと受け止めなければならない。韓国の進歩勢力が後に再び政権運営に当たることになっても北朝鮮から無視されないためには、南北核の均衡が必要だ。

9　米中競争時代における自律性確保と世界の多極化

英国政府が２０２１年３月に公開した「競争時代のグローバル英国（Global Britain in a competitive age）」という新しい外交・国防政策戦略文書は「国家内部と国家および地域間の世界政治的・経済的な力の配分は変わり続けるだろう」とし「２０３０年までに世界はより一層多極化し、地政学的・経済的重心は東側のインド太平洋に移る可能性が高い」と評価した。

現在の人口と領土、経済と軍事力の規模を考えると韓国はもはや弱小国ではない。韓国は強大国になることはできないだろうが、現在「中大国（advanced middle power）」または「中強国」の地位にあると見ることができる。韓国は2018年に初めて1人当たりの国民総所得が3万ドルを超え、30-50クラブ〈1人当たりの国民総所得3万ドル以上、人口5000万人以上という条件を満たす国〉に入った。これは米国や日本、ドイツなどに続き世界で7番目だ。

2020年、韓国は世界で輸出7位、貿易9位となった。韓国の1人当たりの国内総生産GDPは初めてG7国家であるイタリアを超えたことが分かった。グローバル・ファイヤーパワー（GFP）が毎年発表する「世界軍事力ランキング」によると、韓国は通常武器分野で2020年から2023年まで世界6位を占め、日本は2020年から2022年までの評価では世界5位を占めたが2023年評価では世界7位に下落した。つまり現在は韓国が通常兵器分野で日本より優位にある。[8]

韓国はこのように「中強国」の地位にあっても安全保障を米国に大きく依存する限り、ますます激しくなる米中戦略競争において無条件で米国の側に立たざるを得ない。その結果、「外交小国」の立場から抜け出せなくなるだろう。

世界が多極化の方向に進み、米国の「世界の警察」の役割が次第に縮小せざるを得ない状況の下で、安全保障を米国にほぼ全面的に依存することは望ましくない。もし韓国が核兵器を保有することになれば、過去にフランスが核武装後にソ連および東欧諸国との関係を改善し、米国とソ連の緊張緩和のために積極的に努力することができたように、韓国政府も米中間のデタント（緊張緩和）のために努力しながら実利外交を展開することができるだろう。

欧州で１９４９年に北大西洋条約機構（ＮＡＴＯ）という集団防衛機構が創設されたにもかかわらず、フランスのシャルル・ドゴール大統領が独自の核保有を推進した。この理由は、自国の安全保障をＮＡＴＯに大

表1-1　グローバル・ファイヤーパワーの世界軍事力ランキング（2020〜2023）

軍事力順位				
順位	2020年	2021年	2022年	2023年
1位	米国	米国	米国	米国
2位	ロシア	ロシア	ロシア	ロシア
3位	中国	中国	中国	中国
4位	インド	インド	インド	インド
5位	日本	日本	日本	英国
6位	韓国	韓国	韓国	韓国
7位	フランス	フランス	フランス	日本
8位	英国	英国	英国	パキスタン
9位	エジプト	ブラジル	パキスタン	フランス
10位	ブラジル	パキスタン	ブラジル	イタリア
11位	トルコ	トルコ	イタリア	トルコ
12位	イタリア	イタリア	エジプト	ブラジル
13位	ドイツ	エジプト	トルコ	インドネシア
14位	イラン	イラン	イラン	エジプト
15位	パキスタン	ドイツ	インドネシア	ウクライナ
16位	インドネシア	インドネシア	ドイツ	オーストラリア
17位	サウジアラビア	サウジアラビア	オーストラリア	イラン
18位	イスラエル	スペイン	イスラエル	イスラエル
19位	オーストラリア	オーストラリア	スペイン	ベトナム

資料：グローバル・ファイヤーパワーホームページ
（https://www.globalfirepower.com/countries-listing.php）

きく依存する限り、米国への外交的従属から抜け出すことが難しい点が1つの重要な背景として作用した。関連してドゴール氏は回顧録でNATOの組織によって「米国が欧州同盟国の国防はもちろん、政治問題と領土問題まで自由に扱えるようになった点は仕方がないことだった」と指摘した。[9] そして「NATO加盟国政府がホワイトハウスと異なる態度を取ることは決してあり得ないだろう」と言及した。[10]

1950年代末、ドゴール大統領は核武装を推進し、同時にソ連と東欧諸国および中国との関係改善を推進した。[11] 当時、米国の反対に屈して核保有を放棄したなら、その後フランスは米国と国際情勢に関して対等に議論できず、他のNATO国家のように米国の外交政策に無条件で従わなければならなかっただろう。もし韓国がフランスのように核兵器を保有することになれば、米国も韓国の立場を尊重することになる。さらに中国も韓国をこれ以上「将棋盤上の歩」と見なすことはできなくなるだろう。

10　韓国の外交的地位の強化

一部の専門家たちは、北朝鮮の脅威拡大に伴って強まっている核武装世論に言及し「国民の相当数は核兵器保有が否定的な烙印《らくいん》ではなく『強大国の地位を認められる象徴』と認識している」と批判的に評価する。そして彼らは「我々が核拡散防止条約（以下、NPT）に違反して核武装すれば周辺国に『核ドミノ現象』を呼び起こし、核不拡散体制自体が崩壊するシグナルになる可能性があるため、北朝鮮のケースよりはるかに深刻だ」とし、「友好国をはじめとする国際社会から制裁が避けられない」と憂慮を表明する。[12]

韓国の国益や生存よりも、既存の核保有国の既得権維持の立場で問題を眺めるこのような主張にはかなり多くの問題点がある。後でもう一度詳しく説明するが、一応いくつかの問題点だけを指摘すると次の通りだ。

第一に、NPT第10条第1項は一国が非常事態に直面して条約から脱退することを権利として保障している。第二に、韓国が核武装しても日本は国内の反核感情が非常に大きく核武装は困難だ（本書第10章参照）。第三に、韓国が核武装する場合、国際社会の制裁に直面する可能性があるが、インドとパキスタンの事例を見ても分かる通り、その制裁が長く持続する可能性は非常に少ない。

核拡散防止条約が条約脱退の権利を保障しているのに、既存の核保有国の反対を恐れて自分の権利さえ放棄すれば、他の国家は表向き称賛しながらも内心では笑うだろう。ドイツの法学者であるルドルフ・フォン・イェーリングが著書『権利のための闘争』で言及した「権利の上に眠る者は保護されない」という格言を思い浮かべさせられる。

フランスとインドは既存の核保有国の反対にもかかわらず、独自の核保有を推進して成功した。一時的には彼らに「否定的烙印」が押されたかもしれないが、まもなく米国と既存の核保有国から尊重される位置に上がることになった。ドゴール大統領は回顧録で、次のようにフランスの核保有後の外交的地位の変化を説明している。

私はケネディとの会談で米国のフランスに対する態度が明らかに変わったことが分かった。彼を通じて、私はワシントンとパリを結ぶ伝統的な友好関係を除いて、すでに米国はフランスを過去のフランスとして扱っていないことが分かった。過去のワシントンはパリをＮＡＴＯや東南アジア条約機構（ＳＥＡＴＯ）[13]、国際通貨基金（ＩＭＦ）などの集団機構内の一加盟国に過ぎない米国の被保護国程度に扱ってきた。ところが、今や米国はフランスの独自性と主体性を認め、我々に直接、個別に相談してくる。しかし、まだ米国の勢力が絶対的に優位にあるという観念をケネディとその同行者たちは捨てていなかった。

結局、ケネディが何事においても私に提案したのは、自分が企画することにフランスが同意してくれることを願ってのことだった。彼が私に聞きたい答えはほかでもなく、パリはワシントンと緊密に協力するという約束だった。だが、フランスは自分のことは自分でするという点を教えてやった[14]。

ドゴールはまた、独自の核保有と自主外交のおかげで、フランスに対する他の国々の好感度も上がったと書いている。そして次のようにフランスが「活発な世界政治の中心地」になったと指摘している。

私たちはフランスに対して我が国民の新しい好感があふれていることを目撃し、私たちを非難していた人々が友好的になったりもした。多くの外国政府がわが政府とより緊密な関係を結ぼうとし、断絶した関係を再びつなげようとした。フランスの物質的・精神的・外交的地位の変化はパリを訪問する人の数を急に増加させ、このような現象は日に日に増加し、私たちの首都であるパリを数世紀以来見られなかった活発な世界政治の中心地にするのに貢献することになった。[15]

もし韓国が北朝鮮やイランのような反米国家として核武装をすれば、米国と西側国家によって「ならず者国家」と烙印を押されるだろう。しかし米国とは同盟国である。しかも西側諸国とも非常に友好的な関係を維持しているため、韓国が北朝鮮のような待遇を受けるという主張は、子供のような非常に未熟な考え方だ。

もちろん、韓国が核兵器を保有したからといって、自動的にフランスやインドのように国際的に尊重される国家にはならないだろう。それゆえ韓国は、ドゴール大統領が核保有後、東西欧州間のデタントと第3世界国家の発展のための支援に積極的に乗り出した事例を参考にする必要がある。韓国がもし核兵器を保有することになれば、核の脅威から自由になり、外交的活動空間が広がり、国際的地位にふさわしい、より活発な外交活動を展開できるようになり、外交的地位が今よりはるかに高くなるものと予想される。

11　進歩勢力による政権交代のための最も確実な安全保障政策

盧武鉉《ノムヒョン》大統領はドゴール大統領を尊敬していた。彼は2004年6月、『ドゴールのリーダーシップと指導者論』という著書を出した外交通商部の李柱欽《イジュフム》（元駐ミャンマー大使）審議官を大統領筆頭秘書官に抜擢《ばってき》するほどドゴールのリーダーシップに大きな関心を示した。尹光雄《ユングァンウン》国防部長官（当時）は、盧大統領にフランス式国防改革を推進するという方針も報告した。米国に「言うべきことは言う」と角を立てた盧大統領の政治行動は、「偉大なフランス」を叫んで米国に堂々と対抗したドゴールに似ているところがあった。[16]

一部の進歩主義者たちは、韓国独自の核武装論について具体的に調べもせず「北朝鮮と『核戦争』をするというのか」と非難する。しかしドゴール氏が核保有を推進したのは、核兵器でソ連と戦争するためではなかった。彼はむしろ、核保有後の安全保障に対する自信と高まった国際的地位を背景に、ソ連、東欧、中国とデタントを追求した。
　１９５０年、北朝鮮の「南侵」（朝鮮戦争）で3年間国土が焦土化し、数多くの人命被害が発生した後、南北間の敵対意識が深まり、和解協力を目指す進歩陣営は深刻な打撃を受け、弾圧の対象になった。その結果、朝鮮戦争が発生して48年が過ぎた１９９８年になって初めて進歩的な民主政府が発足した。ところが、もし韓国の進歩陣営が核武装を通じて南北の核均衡を実現できず、北朝鮮の誤った判断による核使用を防げなければ、進歩陣営は数十年間政権を握ることができず、公安による弾圧の対象になる可能性もある。

　南北間での力の均衡、すなわち核の均衡は朝鮮半島で第2の全面戦争や核戦争を予防し、強固な平和に進むための必要条件だが、十分条件ではない。朝鮮半島に平和の新しい時代が切り開かれるためには、平和共存と和解のための政策と努力も欠かせない。それゆえ南北和解を目指す進歩政権が核を保有するなら、安全保障と平和の二兎《にと》を得ることができるだろう。

　進歩陣営が政権を取り戻すには、自分を中道および合理的保守だと考える国民の心をつかまなければならない。そのためには、安全保障で進歩が保守より積極的で有能な姿を見せなければならない。北朝鮮が非核化交渉に2度と応じない立場であり、彼らが定めた日程表通りに核とミサイル能力を高度化している状況で、進歩陣営が実現可能性の希薄な「非核・平和」にしがみつくならば、再び国家の未来を任せることはできないだろう。

12　未来世代の核に対する不安解消と教育福祉予算の拡大

韓国の既成世代は未来世代が核を頭に載せて暮らすようにさせるのか、深刻に悩む必要がある。既成世代が国際社会の制裁に対する過度な憂慮で核保有の決断を下すことができない間、北朝鮮の核とミサイル能力はますます高度化し、未来世代の安全をさらに脅かすだろう。

もし近い将来、南北間の偶発的な武力衝突、または北朝鮮の誤った判断によって韓国が核兵器で攻撃を受けるなら、未来世代は核に対する恐怖とトラウマから一生抜け出せないだろう。出生率の急減によって年間22万人水準だった韓国軍入営対象（20歳男性基準）は、２０４０年には13万人水準に減る見通しだ。

ところが韓国が北朝鮮の核に引き続き通常兵器だけで対応するには、兵員削減も難しくなる。結局、青年たちの軍服務期間の延長が避けられない。したがって未来世代の安全と幸福のためにも、あまり遅くならないうちに核保有推進が絶対に必要だ。

韓国の核開発と核兵器運用には相当な予算が必要である。しかし韓国が核兵器を保有することになれば、通常兵器の開発と運用、そして米国からの兵器輸入にかかる天文学的な予算をむしろ減らすことができる。したがって国防予算を削減することができ、削減した予算を青年たちの教育と福祉、そして老年層の福祉に転用することができるだろう。

第2章　北朝鮮非核化の失敗原因と障害要因[17]

1　北朝鮮の強力な同盟不在と国際的孤立

韓国は安全保障を米韓同盟に大きく依存している。それに対して北朝鮮は1991年のソ連解体後、軍事力強化を支援する強力な同盟がなく、自主国防路線に基づいて国防力を強化してきたため、中国さえも北朝鮮に対して非常に限られた影響力しか持っていない。これと関連して慶南大学校極東問題研究所の李相万《イサンマン》教授は、中国が北朝鮮を同盟国だから支援してきたのではなく「北朝鮮が崩壊すれば、自国の安全保障のための緩衝地帯がなくなることを憂慮して支援してきた」と指摘する。[18]

中朝同盟条約には北朝鮮が侵略されれば、中国は直ちに介入するように自動介入条項が明示されている。ところが米韓同盟には自動介入条項がないので、中朝同盟のほうがはるかに強力な同盟だと一部の専門家たちは主張する。

1961年7月11日に北京で締結された「朝鮮民主主義人民共和国と中華人民共和国との間の友好、協力及び相互援助に関する条約」の第2条には「締約（条約締結）の一方が、ある1つの国家またはいくつかの国家の連合から武力侵攻を受けることにより戦争状態に置かれる場合、締約相手方はあらゆる力を尽くして遅滞なく軍事的およびその他の援助を提供する」と明示されている。[19]この条項と関連して、韓国の専門家の多くは北朝鮮が侵略された場合、中国が北朝鮮に兵力を派遣しなければならないと解釈する傾向がある。

しかし私が直接会った中国の朝鮮半島専門家の多くは、中国が提供する「軍事援助」の形態について兵力派遣よりは軍事物資支援の可能性がより高いと見ていた。ただ、米韓連合軍が非武装地帯（ＤＭＺ）を突破して北進する場合には、朝鮮戦争時のように中国人民解放軍が介入する可能性が高い。

北朝鮮と中国の間には、米韓連合軍司令部のような緊密な軍事協力体制も軍事訓練もまったくない。したがって北朝鮮は核を放棄した瞬間、超大国の米国と通常兵器分野で圧倒的優位にある韓国を相手にしなければならない非常に劣悪な軍事的状況に置かれることになる。1992年の中韓国交正常化前、金日成《キムイルソン》主席は中国を訪問し、鄧小平《とうしょうへい》最高指導者に「米朝国交正常化が実現するまで待ってほしい」と要請したが、中国はこれを無視した。

そして中韓国交正常化以降も米朝および日朝国交正常化が実現できなかったことで、北朝鮮と米韓間の軍事的対決状態は続き、国際社会に編入されなかった。北朝鮮は、このような国際的孤立の状況で体制生存のため核開発に執着せざるを得なくなった。さらに北朝鮮の核とミサイル能力の高度化で米朝関係の改善が難しくなる悪循環が繰り返されている。

2 通常の軍事力と経済力における北朝鮮の劣勢

米国の軍事力評価機関「グローバル・ファイヤーパワー」が分析した２０２２年の世界軍事力ランキングを見ると、核兵器を除いた通常戦力基準で韓国は6位を占めた半面、北朝鮮は30位だった。[20] ところが同機関が分析した２０２３年の世界軍事力で韓国は6位を維持した一方、北朝鮮は34位に下がった。[21] 北朝鮮は、国連安保理の対北朝鮮制裁と外貨不足で中国やロシアから先端通常兵器を購入できず、通常兵器分野で韓国と競争できない状況だ。

さらに韓国統計庁が２０２０年12月28日に発表した「２０２０北朝鮮の統計指標」によると、２０１９年の北朝鮮の国内総生産ＧＤＰは35兆３０００億ウォン（約4兆１０００億円）で、韓国（１９１９兆ウォン）の１・８％の水準だ。[22] このように通常兵器と経済力で圧倒的な劣勢に置かれている北朝鮮としては、核兵器が韓国との軍事力格差を縮め、むしろ韓国を恐怖に震え上がらせるほぼ唯一の手段であるわけだ。

3　韓国政府の交渉戦略の不在

李明博政権と朴槿恵《パククネ》政権は、北朝鮮が受け入れる可能性がまったくない「先に非核化」に執着することで戦略の不在を露呈させた。文在寅大統領も、北朝鮮と米国の両方に受け入れられる緻密な非核化戦略を提示できず、トランプ大統領と金正恩総書記の首脳会談の実現だけにこだわったため、金氏から「おせっかいな仲裁者、促進者のふりをやめろ」と苦言を呈された。[23]

北朝鮮の安全保障政策では核兵器が核心的な位置を占めるため、国際社会が核放棄を期待することは難しい。それでも文大統領と参謀たちは、金総書記とトランプ大統領が会って決断を下せば、北朝鮮の非核化が迅速に進展できるかのように非常に安易に判断した。

非核化問題に対する北朝鮮と米国の間に埋め難い立場の違いが存在するという事実が2019年2月、ハノイ米朝首脳会談の決裂によって確認された。[24] それなのに文在寅政権は、米朝ともに受け入れ可能な緻密な解決法と戦略を用意するためのタスクフォースを作らなかった。米朝首脳会談が決裂に終わったなら、南北米中の首脳が参加する4カ国協議を通じて突破口を模索することもできたのに、文政権は北朝鮮が拒否する南北米3カ国協議だけに執着することで貴重な時間を浪費した。

結局、文在寅大統領の考えの甘いアプローチと戦略不在のため、自身が主唱した「朝鮮半島平和プロセス」の成功は現実的に期待し難いものだった。文大統領はまた、「終戦宣言」が非核化のための「入口」になり得ると終戦宣言の必要性を強調しながらも、中間段階と「出口」については具体的に説明できない非戦略的態度を見せた。

4　米朝間の根深い不信と米国の交渉戦略の不在

2018年7月の米朝高官級会談でポンペオ米国務長官は最初から核リストの提出を求め、北朝鮮はこれに対して「強盗のような非核化要求」と非難し、強く反発した。[25] ポンペオ長官は非核化の第一歩として核施設などの申告を要求したが、これは北朝鮮が最も嫌う部分だ。ひとたび核施設や核物質などを申告すれば、廃棄と関連して柔軟に対処できないためだ。

2019年2月のハノイ米朝首脳会談でも、北朝鮮は核兵器問題を論外とし、寧辺《ニョンビョン》の核施設の廃棄に関してのみ議論するという立場を示した。これに対して米国は「先に非核化、後に制裁緩和の立場」を固守し、北朝鮮の生物化学兵器の放棄まで要求した。

このように米朝間が平行線をたどった上、トランプ政権内でも国務長官とホワイトハウス国家安全保障補佐官の間の意見不一致などで多くの混線が生じ、結果的に米韓協力も難しくなった。米国も緻密な交渉戦略の不在をさらけ出したのだ。

もしハノイでの米朝首脳会談で第1段階として寧辺核施設の廃棄と一部経済制裁の解除に先

に合意し、その後、北朝鮮の核兵器廃棄の進展に応じて制裁の解除、米朝国交正常化、朝鮮半島平和協定の締結などを交換することで合意していれば、核問題が今のように悪化することはなかっただろう。

米国の代表的な現実主義政治学者ジョン・ミアシャイマーシカゴ大学教授は米朝首脳会談開催前に、トランプ・金正恩首脳会談について悲観的な展望を示した。ミアシャイマー教授は2018年3月23日、梨花《イファ》女子大学で「米政府の対北朝鮮政策」をテーマに開かれた特別セミナーで講演している。

そこで米朝首脳会談を悲観的に展望する理由について「我々は（ドナルド・トランプと金正恩の）2人で結果を作り出すと考えるが、トランプ大統領は外交経験がない」とし「金正恩も同じだ。このように複雑な問題をどのように交渉するのか分かるはずがない。意味のある解決策を出す交渉をする能力がないと思う」と皮肉った[26]。そして米朝首脳会談は結局、ミアシャイマー教授が展望したように失敗に終わってしまった。

5　北朝鮮の米中競争利用と核問題に対する中国の傍観

北朝鮮は2018年から米中間の戦略競争を非常に上手に活用した。金正恩政権の発足後6年間も首脳会談を拒否してきた中国共産党中央委員会の習近平総書記は、2018年に北朝鮮の対米接近が本格化すると、米朝首脳会談と前後して5回も金正恩氏との首脳会談に応じた。[27]以後、中国は対北朝鮮制裁に消極的な態度に変わった。そのせいで北朝鮮はハノイでの米朝首脳会談の決裂後、再び核とミサイル能力の高度化に進むことができた。

米中戦略競争の激化で現在、中国は北朝鮮の非核化に関する米国の協力要求に否定的な態度を見せている。2022年、中国は北朝鮮のICBM発射実験後、国連安保理で制裁採択に反対し、むしろ制裁の緩和を要求しているのが実情だ。対北朝鮮制裁の水準についても中国は「北朝鮮と関連した措置が北朝鮮の民生と正常な経済貿易行為に影響を与えてはならない」という立場だ。また制裁の最終目標は北朝鮮を問題解決のための交渉のテーブルに着かせることだと主張し、制裁の強化に反対している。[28]

中国は北朝鮮の核問題を米朝間の問題と見なし、積極的な介入を回避している。そして双中断（北朝鮮の核・ミサイル実験と米韓合同演習の同時中断）と双軌並行（朝鮮半島非核化交渉と米朝平和交渉の並行）原則だけを繰り返し主張し、それ以上の具体的な代案は提示していない。

6　核を放棄したウクライナの運命が北朝鮮に与える教訓

ウクライナは旧ソ連の解体で独立した時、核弾頭1900発、ICBM176基、戦略爆撃機44機などを保有した世界3大核保有国だった。しかしウクライナは1994年、米国とロシアなど国連常任理事国の圧力でブダペスト覚書（Budapest memorandum）を締結し、１９９６年までにロシアにすべての核兵器を返還し、クリミア半島を含む領土保全と主権保障の約束を取り付けた。この覚書は、旧ソ連から独立したウクライナ、カザフスタン、ベラルーシなどがＮＰＴ（核拡散防止条約）に加盟し、核兵器を放棄する見返りとして主権と安全保障、領土の統合性が保障されるとの内容を盛り込んでいる。ロシア・米国・英国がこの協定に署名し、フランスと中国も一定程度の保証を約束した。しかしロシアが２０１４年にクリミア半島を併合し、２０２２年２月にウクライナを全面侵攻したのに、主権保障を約束した米国は武器を支援するだけで直接介入を避けている。[29]

１９９３〜２００１年に米大統領を務めたビル・クリントン氏は２０２３年４月、アイルランドのＲＴＥ放送とのインタビューで「ウクライナが依然として核を保有していたら、ロシアがウクライナに侵攻できなかっただろう」とし、在任期間中にウクライナに核兵器を放棄するよう説得したことに後悔を示した。クリントン元大統領は、エリツィン元ロシア大統領、クラフチュク元ウクライナ大統領らとともにウクライナの核放棄協定であるブダペスト覚書の締結を主導した。彼は「彼ら（ウクライナ）が核兵器放棄に同意するよう説得したため、個人的な責任を感じる」とし「ウクライナがずっと核兵器を持っていたら、ロシアがこのような愚かで危険なことはできなかっただろう」と話した。[30]

核不拡散体制は、核保有国が非核国家を核兵器で攻撃しない前提に基づいている。しかしプーチン大統領が自発的に非核化を選択したウクライナを核兵器で威嚇することで、NPT体制の根幹を崩した。このように核を放棄したのに侵攻し、核兵器で威嚇するのを見て、北朝鮮は核を放棄すればウクライナのような運命に直面する恐れがあると判断し、絶対に核を放棄しないものと予想される。

2022年3月2日、国連が緊急特別総会を開き、同年2月のロシアのウクライナ侵攻を糾弾し、直ちに撤収を要求する内容の決議案を採択した。この時、中国とインド、イランなどは棄権し、北朝鮮はベラルーシ、シリアなどとともに反対票を投じた。北朝鮮はまた、シリア、キューバなどとともに緊急特別総会でロシアを支持する発言をした。このようなロシアと北朝鮮の密着によって、その後になって北朝鮮が新型ICBMを試験発射した時も、国連安保理はロシアと中国の反対で制裁どころか議長声明すら採択できなかった。

その結果、北朝鮮は制裁に対する恐れなく自由にICBMを試験発射できるようになり、今後、第7回および第8回核実験も断行できるものと予想される。

7 金正恩の核強国建設意志と核・ミサイル能力高度化の目標

北朝鮮は、金正恩氏が「国家核武力」を完成させ、「戦略国家」の地位に押し上げたと宣伝する。「国家核武力完成」が北朝鮮で同氏の最大業績として宣伝されているため、現実的に核放棄決断を期待することは難しい。[31] 金正恩氏は2022年に「最も愛する子」キム・ジュエ氏を大陸間弾道ミサイルの試験発射現場に参観させたのに続き、核弾頭搭載が可能なミサイル兵器庫の視察にまで同行させ、その写真を一般に公開した。これは北朝鮮が「絶対に」核兵器を放棄せず、核とミサイル開発は後代にも続くことを示唆するものだ。[32]

2020年1月1日、北朝鮮は「朝鮮中央通信」を通じて長文の「朝鮮労働党中央委員会第7期第5回総会に関する報道」を発表した。この報道によると、金正恩氏は2019年末に開催された党中央委員会総会で「我々はわが国の安全と尊厳、そして未来の安全を何かと絶対に取り換えないことをより固く決心した」と明らかにした。これは、北朝鮮の戦略兵器を制裁緩和や他のものと引き換えにしないということだ。また金氏は「核問題でなくとも米国は我々にまた別の何かを標的に定めて襲いかかるだろう。米国の軍事的・政治的威嚇は終わりがないだろう」と主張することで「非核化交渉無用論」を改めて強調した。[33]

北朝鮮の対米・対南政策を管掌する金《キム》与《ヨ》正《ジョン》党中央委員会副部長も2020年7月10日、談話を通じて、米国とこれ以上交渉する意思がないことを明確にした。

金与正氏は前記の談話を通じて「2019年6月30日、板門店で朝米首脳会談が開かれた時、わが委員長（金正恩）同志は、北朝鮮経済の明るい展望と経済的支援を提示しつつ前提条件と

郵便はがき

料金受取人払郵便

牛込局承認

9026

差出有効期間
2025年8月
19日まで
切手はいりません

162-8790

東京都新宿区矢来町114番地
神楽坂高橋ビル5F

株式会社ビジネス社

愛読者係 行

ご住所 〒 TEL:　（　）　FAX:　（　）		
フリガナ お名前	年齢	性別 男・女
ご職業	メールアドレスまたはFAX メールまたはFAXによる新刊案内をご希望の方は、ご記入下さい。	
お買い上げ日・書店名 年　月　日　市区町村　書店		

ご購読ありがとうございました。今後の出版企画の参考に
致したいと存じますので、ぜひご意見をお聞かせください。

書籍名

お買い求めの動機

1　書店で見て　2　新聞広告（紙名　　　　　　　　　）

3　書評・新刊紹介（掲載紙名　　　　　　　　　）

4　知人・同僚のすすめ　5　上司、先生のすすめ　6　その他

本書の装幀（カバー），デザインなどに関するご感想

1　洒落ていた　2　めだっていた　3　タイトルがよい

4　まあまあ　5　よくない　6　その他(　　　　　　　　　)

本書の定価についてご意見をお聞かせください

1　高い　2　安い　3　手ごろ　4　その他(　　　　　　　　　)

本書についてご意見をお聞かせください

どんな出版をご希望ですか（著者、テーマなど）

して追加の非核化措置を要求する米大統領に、華麗な変身と急速な経済繁栄の夢をかなえるために、わが制度と人民の安全と未来を、保障もない制裁解除ごときとは決して交換しないであろうということと、米国がわが方に強要してきた苦痛が米国に対する憎悪へと変わり、わが方はその憎悪を持って米国の主導する執拗《しつよう》な制裁・封鎖を突破して、我々式に、我々の力で生きていくことをはっきりと明らかにされた」と表明した。そして「その後、わが方は制裁解除問題を米国との交渉議題から完全に捨て去った」と主張した。[34]

このような立場はその後、金正恩氏の演説などを通じても再確認された。2021年1月5日から12日まで開催された労働党第8回大会で、同氏は「国家核武力建設大業の完成」を2016年の労働党第7回大会以降「党と革命、祖国と人民の前に、子孫の世代の前に打ち立てた最も意義のある民族史的功績」と評価した。彼は既存の核武力完成に満足せず、戦術核兵器の開発と超大型核弾頭の生産を続け、核の先制・報復攻撃能力を高度化する目標も提示した。そして水中および地上固体燃料大陸間弾道ミサイル（ICBM）開発事業も計画通り推進し、原子力潜水艦と水中発射核戦略兵器を保有するための課題を党大会に上程した。

また金正恩氏は今後「対外政治活動をわが革命発展の基本障害物、最大の主敵である米国を制圧し、屈服させることに焦点を合わせていかなければならない」と主張することで、米国に対して「最大の主敵」という非常に強硬な表現を使った。[35] 北朝鮮はその後、労働党第8回大会で提示した目標を1つずつ日程表通り履行している。

２０２２年12月26日から31日まで開催された労働党中央委員会第8期第6回総会拡大会議で、金正恩氏は核武力強化の重要性を強調し、北朝鮮の核武力は戦争抑止と平和安定守護を「第1の任務と見なす」と主張した。しかし抑止に失敗した場合、「第2の使命」も決行することになり、第2の使命は明らかに「防御ではない他のもの」と表明することで、戦争勃発時に武力統一の試みにつながる可能性があることを示唆した。さらに党中央委員会総会で「戦術核兵器の大量生産」と核弾頭の保有量を「幾何級数的に」増やすことを基本重心方向とする「２０２３年度核武力および国防発展の変革的戦略」を明らかにした。[36]

このように北朝鮮の非核化を困難にする障害要因は多すぎる。したがって韓国政府は実現可能性が薄い北朝鮮の「完全な非核化」より、核脅威に対する確実な抑止力確保に集中することが望ましい。韓国と米国政府は、北朝鮮に核兵器を放棄させることがインドとパキスタンおよびイスラエルに核兵器を放棄させることと同じくらい難しいという事実を冷徹に認識する必要がある。

シカゴ大学のジョン・ミアシャイマー教授が２０１９年3月19日、ジョージタウン大学が開催した討論会に参加して明らかにしたように、北朝鮮は核を絶対に放棄しないだろうし、北朝鮮との非核化交渉は「途方もない時間の浪費」となる可能性がある。同教授は当時「(北朝鮮の非核化は）希望がない状況です。我々は北朝鮮が近い将来に核兵器を保有するという事実を受け入れなければならず、核戦争を防ぐことのできるすべてのことをしなければなりません」と強調した[37]。

第3章　北朝鮮の核威嚇と韓国の安全保障危機

1　北朝鮮の露骨な核攻撃威嚇とミサイル能力高度化

北朝鮮は2022年4月16日、新型戦術誘導兵器を咸興《ハムフン》一帯で日本海（東海）上に2発試験発射した。この新型兵器は、飛行最終段階で迎撃を回避するために「pull-up」（滑降および上昇）機動をする「北朝鮮版イスカンデル」KN23短距離弾道ミサイルを、4つの発射管を備えた移動式発射車両（TEL）で発射できるように縮小改良したものと推定される。[38] 北朝鮮は4月17日付の「労働新聞」1面上段に掲載された記事で「新型戦術誘導兵器体系は、前線の長距離砲兵部隊の火力攻撃力を飛躍的に向上させ、朝鮮民主主義人民共和国の戦術核運用の効果性と火力任務の多角化を強化することに大きな意義を持つ」と説明することで、前線の砲兵部隊に戦術核を実戦配備するという計画を公開した。[39]

北朝鮮がこの時に試験発射した新型兵器は飛行距離が110㎞に達し、開城〈北朝鮮南部の都市〉付近で発射すれば忠清北道以南地域の軍部隊まで攻撃圏に入る。この高度が25㎞と探知された点も注目される。それはこのような高度で戦術核兵器が爆発すれば核電磁波（NEMP）が発生し、地上の人命や装備に莫大な被害を与えかねないためだ。これと関連して韓国政府関係者は「北朝鮮が戦術核爆弾を搭載できる投発手段を30㎞以下の高度で発射すれば、地上から韓国型ミサイル防御システム（KAMD）で迎撃するのが容易ではないだろう」とし「事前にこれを探知し無力化できる対応策を引き続き発展させなければならない」と指摘した。[40]

北朝鮮は2022年9月8日、「朝鮮民主主義人民共和国の核武力政策に関して」というタイトルの新しい法令（以下、9・8核武力政策法令）を採択し、核先制攻撃まで正当化した。北朝鮮は「9・8核武力政策法令」の第3条第3項で「国家核武力に対する指揮統制体系が敵対勢力の攻撃で危険にさらされた場合、事前に決定された作戦プラ

写真3-1　北朝鮮の新型戦術誘導兵器試験発射

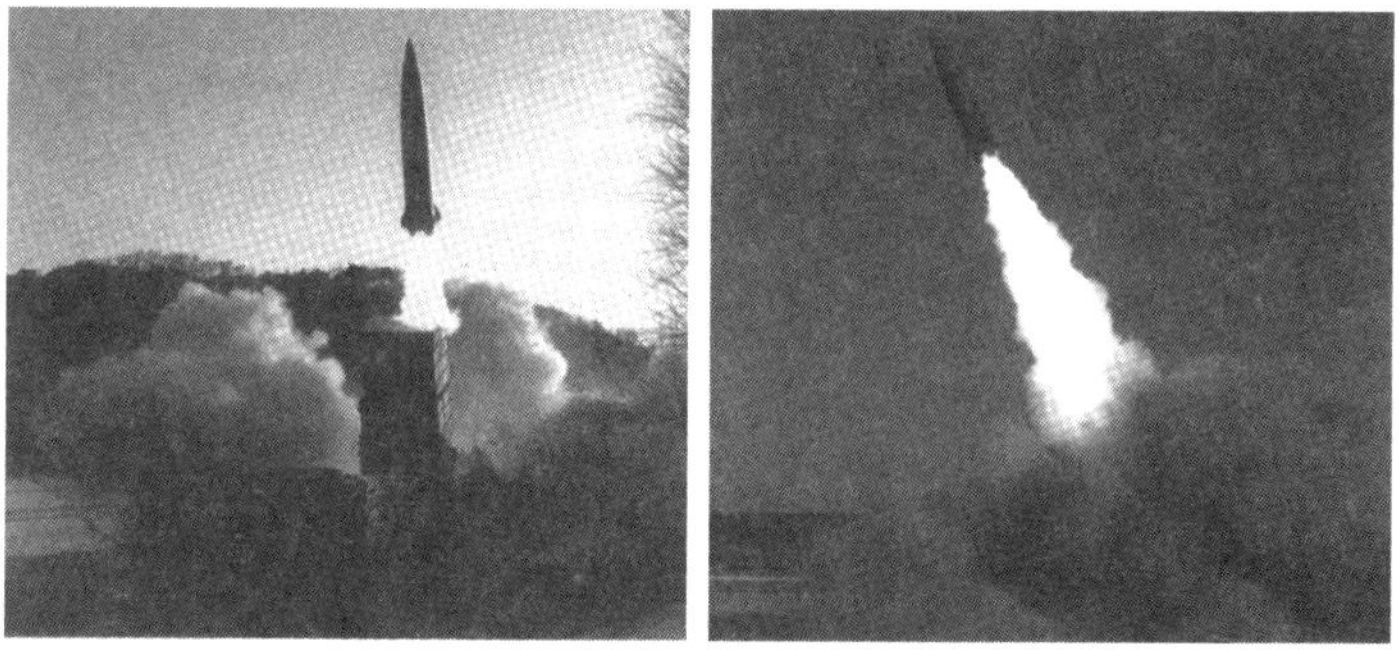

資料：朝鮮中央通信2022.04.17

ンにより挑発の原点と指揮部をはじめとする敵対勢力を壊滅させるための核攻撃が自動的に即時に断行される」と明示した。このことで米韓の「斬首作戦《ざんしゅ》」〈米韓特殊部隊による北朝鮮首脳暗殺計画〉で北朝鮮首脳部が危険にさらされる場合、直ちに韓国に対する核攻撃を断行することを明確にした。

「9・8核武力政策法令」の第6条は、北朝鮮の核兵器使用条件として次のような5つのケースを提示した。[41]

①北朝鮮に対する核兵器またはその他の大量破壊兵器攻撃が敢行されるか、差し迫ったと判断される場合。

②国家指導部や国家核武力指揮機構に対する敵対勢力の核および非核攻撃が敢行されるか、差し迫ったと判断される場合。

③国家の重要戦略的対象に対する致命的な軍事攻撃が敢行されるか、差し迫ったと判断される場合。

④有事の際、戦争の拡大と長期化を防ぎ、戦争の主導権を掌握するための作戦上の必要が不可避に提起される場合。

⑤その他、国家の存立と人民の生命安全に破局的な危機をもたらす事態が発生し、核兵器で対応せざるを得ない不可避な状況が造成される場合。

2013年に北朝鮮が採択した「自衛的核保有国の地位をさらに強固にすることについて」という法令では、北朝鮮が侵略や攻撃を受けた時のみ核兵器の使用を正当化していた[42]。ところが2022年の法令の第6条は「敵対勢力」の攻撃が差し迫っていると判断される場合や作戦上避けられないと判断される場合にも核先制攻撃を正当化している。しかし現実的に米韓が対北朝鮮攻撃計画を事前に公開しない限り、米韓の攻撃が差し迫っていることを北朝鮮が把握する方法はない。そして北朝鮮は外部からの通常兵器攻撃にも核兵器で対応する立場を明文化している。このため朝鮮半島で(一部脱北者団体の対北朝鮮ビラ散布などによ

写真3-2　金正恩氏の戦術核運用部隊の軍事訓練指導

資料：労働新聞2022.10.10

る）偶発的軍事衝突時、通常兵器分野で韓国に絶対的に劣勢に置かれている北朝鮮が核兵器を使用する可能性を排除できなくなった[43]。

北朝鮮は2022年9月25日から10月9日までの15日間、弾道ミサイル発射などを行い、労働党創建記念日の10月10日の労働新聞を通じて、これは金正恩氏が直接指導した「戦術核運用部隊の軍事訓練」だったと公開した。北朝鮮がこれまで戦術核兵器の前線実戦配備計画などを明らかにしたことはあるが、「戦術核兵器運用部隊」を動員して軍事訓練を実施したのは初めてだった。北朝鮮は戦術核兵器を利用して韓国の主要軍事施設、飛行場と港に対する攻撃を模擬した超大型放射砲と戦術弾道ミサイル訓練を行った。そして米国の軍事的介入を遮断するため、中長距離弾道ミサイルで日本列島を横切って4500㎞境界線（一定の境界となる線）の太平洋上の目標水域への発射まで敢行した。北朝鮮は7回にわたって行われた戦術核運用部隊の発射訓練を通じて「目的とする時間に、目的とする場所で、目的とする対象を攻撃・消滅させられるよう完全な準備態勢」にある核戦闘武力の現実性と戦闘的効果性、実戦能力が余すところなく発揮されたと主張した[44]。

ここ数年、北朝鮮の軍事パレードに「火星17型」大陸間弾道ミサイル（ＩＣＢＭ）はおおむね1～4基ほど登場したが、2023年2月8日に開催された人民軍創建75周年記念閲兵式では10基ほど登場した。これは2022年に火星17型ＩＣＢＭの試験発射が成功して以後、この戦略兵器の量産体制が整えられ、全国的な配備に入ったことを示唆する。[45]

北朝鮮はまた、固体燃料ICBMである火星18型も公開した。金日成主席の誕生日を2日後に控えた2023年4月13日、金正恩氏が参観する中で新型固体燃料ICBM火星18型を試験発射し、これを翌日に「労働新聞」などを通じて公開した。北朝鮮が従来の液体燃料ではなく、発射準備時間が大幅に短縮された固体燃料基盤のICBMを試験発射したのは今回が初めてだった。

金正恩氏は、火星18型の試験発射を現地指導し「新型の大陸間弾道ミサイルである火星18型の開発は、我々の戦略的抑止力部分を大きく再編させ、核反撃態勢の効用性を急進展させ、攻勢的な軍事戦略の実用性を変革させ

写真3-3　北朝鮮軍の閲兵式で火星17型ICBM公開

資料：労働新聞2023.2.9

ることになるだろう」とし、その意義を説明した。[46]北朝鮮が新型ＩＣＢＭに使った固体燃料の長所は迅速性だ。液体燃料は腐食性が強く、発射直前に注入しなければならないため時間がかかる一方、固体燃料は注入時間が必要なく、米偵察衛星による監視などを避けて隠密で奇襲的な発射が可能だ。したがって北朝鮮の核・ミサイルに対応するプランである韓国の３軸体系〈キル・チェーン、ミサイル防衛体系、大量反撃報復〉の中で事前兆候捕捉と先制対応を含む概念の「キルチェーン〈敵の攻撃の構造を破壊することで自軍を防御、先制する考え方〉」が事実上、無力化される恐れがある。結局、火星18型ＩＣＢＭは、従来の液体燃料のＩＣＢＭより米韓の安全保障にさらに深刻な脅威になる見通しだ。

金正恩氏は新型ＩＣＢＭを試験発射し「敵にさらに明らかな危機を体感させ、つまらない思考と妄動をあきらめるまで終始致命的で攻勢的な対応を加え、極度の不安と恐怖

写真3-4　北朝鮮の火星18型ICBM試験発射

資料：労働新聞2023.4.14

に苦しめられ、必ず克服不能な脅威に直面させ、誤った彼らの選択に対して後悔し、絶望に陥るようにさせる[47]」と断言した。このため北朝鮮は今後も火星18型の開発に完全に成功するまで試験発射を続け、対米・対南核脅威を高めるものと予想される。

韓国は非核国家であるにもかかわらず、北朝鮮がこのように戦術核兵器訓練まで実施し、核弾頭の生産を推進し、ICBM能力の高度化を追求することは、核兵器が単純な「抑止」の次元をはるかに超えるものであることを意味する。韓国が独自の核武装オプションを考慮しなければ、北朝鮮は韓国軍が相手にならないと無視し、圧倒的な軍事力優位を占めるために核威嚇の水準を引き続き高めるものと見られる。

2　北朝鮮の核能力と核兵器保有量の変化

北朝鮮は、2016年1月に実施した第4回核実験まで事前に核実験に使用する核弾頭を公開しなかった。しかし2016年9月の第5回核実験および2017年9月の第6回核実験前には、金正恩氏の「核の兵器化事業指導」という体裁で使用する核弾頭を事前に公開した。北朝鮮は2016年3月9日、この核の兵器化事業の指導を報じ「核弾頭を軽量化し、弾道ロケットに合わせて標準化・規格化を実現した」と主張し、銀色の球形の物体を公開した。それから6カ月後の同年9月9日、建国記念日に第5回核実験を断行した。2017年9月3日（建国記念日の６日前）午前には、金正恩氏の核の兵器化事業の地図を報道し、打楽器の杖鼓《チャング》（韓国の太鼓）の形の水爆弾頭を公開し、当日６回目の核実験に踏み切った。北朝鮮がこのように５回目の核実験の時から実験に使用する核弾頭を事前公開するのは、核弾頭開発に対する彼らの自信を示している。

北朝鮮は２０２３年３月28日付の「労働新聞」で戦術核弾頭の実物を初めて公開した。このため、この時公開した戦術核弾頭で近い将来、第７回核実験に踏み切る可能性が高い。

過去に北朝鮮は、核開発の目的が米国の脅威に対応するためであって、同族である韓国を狙うためではないと主張した。しかし２０２２年から北朝鮮の威嚇はさらに露骨化し、非常に深刻な水準まで上がった。そして核兵器保有量も今後急速に増加するものと予想される。

２０２１年４月、米国ランド研究所と韓国峨山《アサン》政策研

写真3-5　金正恩氏の核の兵器化事業指導に関する報道

資料：労働新聞2016.3.9、2017.9.3、2023.3.28

究院が共同で発刊した報告書「北朝鮮の核の脅威、どう対応するか」は、２０２７年までに北朝鮮が核兵器２００発、大陸間弾道ミサイル（ＩＣＢＭ）数十基と核兵器を運搬できる戦域ミサイル数百発を保有し得ると見通した。[48] ２０２３年１月11日、韓国国防研究院のパク・ヨンハン氏と李商圭博士が発刊した報告書「北朝鮮の核弾頭数量推計と展望」は現在北朝鮮が保有するウランおよびプルトニウム核弾頭数量を約80～90発余りの水準と評価し、２０３０年には最大１６６発まで増加すると展望した。[49]

米科学者連盟（ＦＡＳ）は２０２３年３月28日、世界の核軍事力地位指数（Status of World Nuclear Forces）を更新し、北朝鮮が現在30発以上の核弾頭を保有していると分析した。これは２０２２年９月に同団体が発表した推定数値20～30発より多くなったものだ。同連盟の核情報プロジェクト責任者であるハンス・クリステンセン氏は２０２３年４月４日、自由アジア放送（フリー・アジア、ＲＦＡ）に「推定値は確実ではないが、我々は北朝鮮が製造した弾頭約30発と、これに加え核分裂物質をさらに生産できるものと推定している」と述べた。そして「最近は短距離戦術核開発を強調することにしたようだ」とし「戦術兵器を新たに追求するのは長距離兵器より戦争初期に核兵器を使用する可能性があるという意志を示すことで、韓国と米軍に対する圧迫を強化しようとする試みと見られる」と付け加えた。[50]

一般的に核兵器は①弾頭の威力、②発射手段と攻撃可能距離、③目標物や爆弾の目的を基準に「戦略核兵器」と「戦術核兵器」（TNW、tactical nuclear weapon）に区分する。このような分類基準では、弾頭の破壊力が大きく世界のどこにある目標物であれ攻撃が可能で、主に大量破壊や国家レベルの抑止のための核兵器は「戦略核兵器」に分類される。そして弾頭の破壊力が小さく、基本的に限定された作戦地域（戦場など）で敵の軍事力に対する攻撃を目的とする核兵器は「戦術核兵器」または「非戦略的核兵器」に分類される。しかし、ある種類の核兵器は基本的に両方に該当する可能性がある。また挑発手段としては、この分類基準の間のグレーゾーンにまたがっているため、「戦略核兵器」と「戦術核兵器」の2つを明確に区分することが難しい場合が多い[51]。

韓国軍は「2022国防白書」で、北朝鮮が「1980年代から寧辺など核施設の稼働を通じて核物質を生産してきている。最近まで核再処理によりプルトニウム70kg余り、ウラン濃縮プログラムにより高濃縮ウラン（HEU）相当量を保有していると評価される」と明らかにした。核兵器（核弾頭）1発の製造にプルトニウムがおよそ4～8kg使用されることを勘案すれば、北朝鮮は独自保有のプルトニウムだけを考えても核兵器9～18発を製造する能力を持っているということだ。

北朝鮮は2010年11月、スタンフォード大学のジークフリート・ヘッカー博士など米国の科学者一行を寧辺核施設に招待し、自発的に遠心分離機2000台などウラン濃縮施設を公開したことがあった。この２０００台の遠心分離機では年間約40kgの核兵器用ＨＥＵ生産が可能だ。その時から13年が過ぎたことを考慮すれば、現在はその規模が大幅に拡大し、寧辺以外の他の場所でもＨＥＵを生産しているものと推定される。専門家たちは概して北朝鮮のＨＥＵ生産能力を年間１３０～２４０kgに達すると見ているが、これは毎年８～16発の核兵器製造が可能な量だ。これを見れば、北朝鮮が兵器化し、今後兵器化できる核物質の総量は、米科学者連盟（ＦＡＳ）が明らかにした核弾頭数30発以上をはるかに上回るだろう。

ＦＡＳが発表した統計によると、核弾頭はロシアが５８８９発で最も多く、米国５２４４発、中国４１０発、フランス２９０発、英国２２５発、パキスタン１７０発、インド１６４発、イ

図3-1　米科学者連盟が発表した世界の核軍事力地図

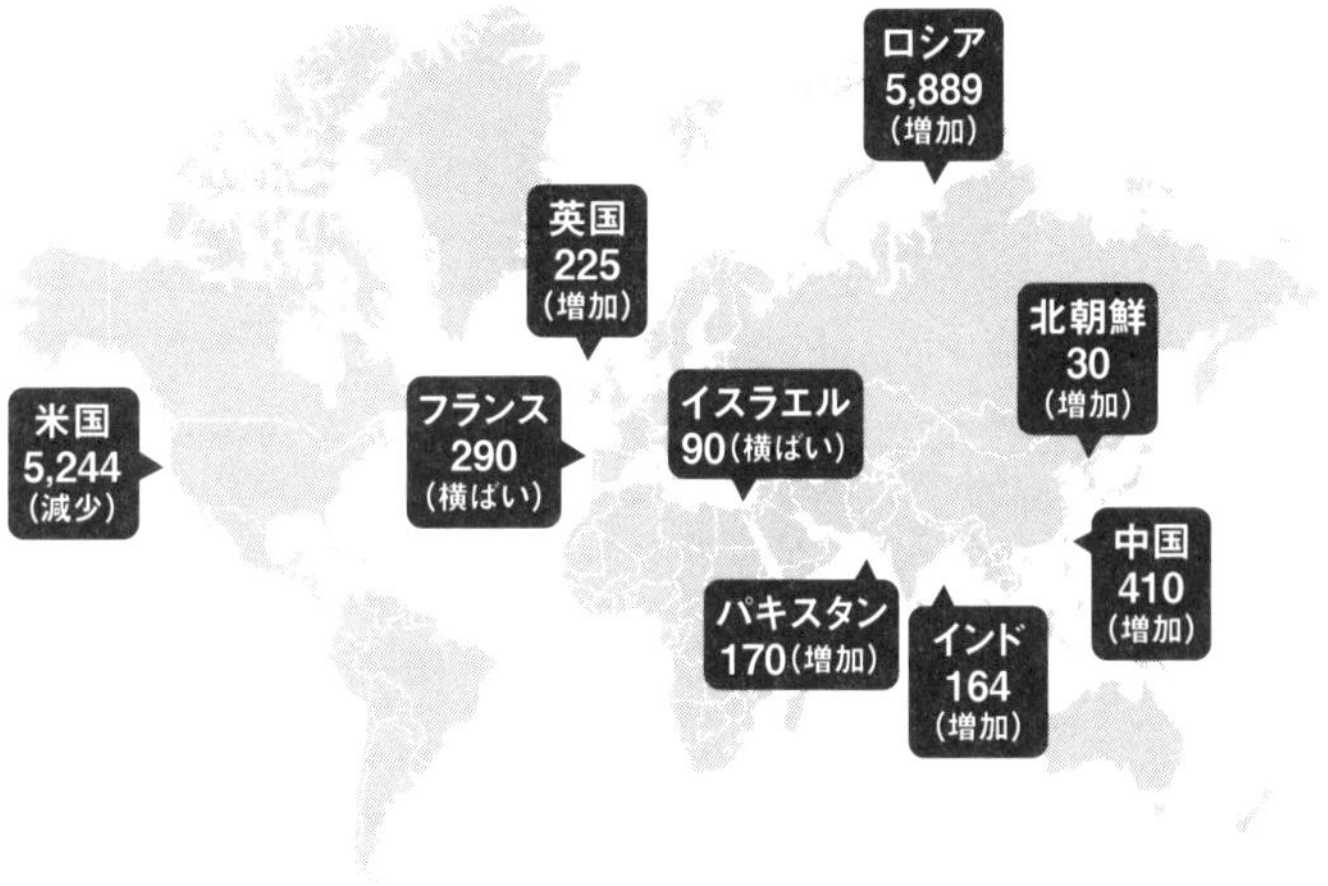

資料：自由アジア放送2023.4.4　https://fas.org/initiative/status-world-nuclear-forces/

スラエル90発の順だ。したがって北朝鮮が近くイスラエルに次ぐ核兵器保有国になるのは、時間の問題だ。[52] 2023年1月に発刊された韓国国防研究院の報告書「北朝鮮の核弾頭数量推計と展望」は現在、北朝鮮が保有するウランおよびプルトニウム核弾頭数量を約80～90発程度と評価している。これによれば、すでにイスラエルと同じ規模の核弾頭を保有しているわけだ。

2022年12月26日から31日までの6日間にわたって開催された朝鮮労働党中央委員会第8期第6回総会で、金正恩氏は「戦術核兵器の大量生産」と核弾頭の保有量を「幾何級数的に」増やすことを基本重心方向とする「2023年度核武力および国防発展の変革的戦略」を明らかにした。同氏がこのように指示したため、戦術核弾頭を利用して第7回核実験を進める必要性がさらに高まっている。[53] 既存の核保有国の事例を見れば、高威力核兵器は確実に抑止効果があるが、極端な状況でなければ実戦で使用することは難しい。このため戦術核開発に進んでおり、北朝鮮も同じ方向に進んでいる。

3　北朝鮮の作戦計画地図の公開と核攻撃時の被害

北朝鮮は2022年6月21日から23日までの3日間、党中央軍事委員会第8期第3回拡大会議を開催し、国家防衛力を急速に強化、発展させるための問題を論議した。6月23日付の「労働新聞」を通じて浦項《ポハン》を含む韓国の東部地域を対象とする作戦計画地図をぼかして公開したが、その意図に注目する必要がある。北朝鮮が韓国の東部地域だけを対象に作戦計画を立てるはずがない。首都圏と平沢《ピョンテク》〈京畿道南部の都市〉の在韓米軍基地などを含む西部地域に対する作戦計画も策定したが、これは有事の際、韓国の東部地域に先に戦術核兵器などを使用するシナリオを作成した可能性があることを示唆する。

軍事衝突が発生した場合、北朝鮮が韓国の東部地域を戦術核兵器や小型化された核兵器で攻撃する可能性がある理由は次の通りだ。

第一に、もし北朝鮮が最初から韓国の西海岸地域に核兵器を使用すれば、中国も被害を受ける恐れがあり、反発する可能性がある。

第二に、北朝鮮が韓国の東海岸地域に核兵器を使用すれば、米韓が北朝鮮の東海岸地域の拠点に攻撃を加えるとしても、平壌《ピョンヤン》の北朝鮮指導

写真3-6　北朝鮮の党中央軍事委員会第8期第3回拡大会議と作戦計画地図の公開

資料：労働新聞2022.6.23

部は打撃を受けず、韓国にはかなり大きな民心の動揺をもたらすだろう。これと関連して北朝鮮は、米国が第2次世界大戦で日本を降伏させた方法を考慮している可能性がある。米国は日本を降伏させるため最初から首都である東京を核爆弾で攻撃せず、広島と長崎にだけ原爆を投下した。しかし核兵器の威力に衝撃を受けた日本は、ついに降伏を宣言した。このように北朝鮮は、ソウルから遠く離れた地方都市を先に核兵器で攻撃することで、韓国政府の降伏を得ようとする可能性がある。金与正氏が２０２２年4月5日の談話で明らかにした「戦争初期に主導権を掌握し、相手方（韓国）の戦争意志をくじき、長期戦を防ぎ、自分の軍事力を保存するために核戦闘武力が動員」される可能性が高い。[54]

問題は偶発的な衝突が拡大して、北朝鮮が核兵器を使用しても米本土を攻撃できるＩＣＢＭを保有しているため、果たして米国が核兵器で報復できるのか疑問視される点だ。北朝鮮が韓国の東海岸都市を戦術核で攻撃し、「米軍が北朝鮮を攻撃すれば、北朝鮮も核兵器で米国の西部地域都市を攻撃する」と威嚇する場合、米大統領は韓国を保護するために核戦争を甘受するのか、深刻に悩まずにはいられないだろう。

北朝鮮が最初から核兵器でソウルを攻撃せず、地方都市を先に攻撃し「米国の核兵器使用に核兵器で対応する」と威嚇するなら、同盟は深刻な危機に直面する恐れがある。ソウルには米国大使館だけでなく中国・ロシア大使館と多くの外国人がいるので、北朝鮮はまず外国人の避難を誘導した後、「韓国政府が降伏しなければソウルを火の海にする」と威嚇することもあり得る。この威嚇が実行に移されるかが不確実な状況で、もし米国が平壌を核兵器で攻撃すれば、北朝鮮もソウルとワシントンD.C.、ニューヨークを核兵器で報復するだろう。このため現実的に「先制攻撃」も容易ではない。

金正恩氏は朝鮮労働党中央軍事委員会第8期第3回拡大会議で、党中央軍事委員会副委員長職を従来の1人体制から2人体制に改編した。有事の際、金正恩氏が核ボタンを押すことができない状況が発生すれば、2人の副委員長のうち1人が核ボタンを押すことができるようにしたのだ。これにより北朝鮮指導部の生存および報復能力は、さらに強化された。したがって米国は戦争拡大を防ぐため、むしろ韓国軍を最大限自制させようとする可能性が高くなる。つまり戦時作戦統制権のない韓国軍は独自に行動できず、米国の決定に従うしかない悲惨な状態に置かれる可能性がある。

このようなシナリオは、北朝鮮が水素爆弾と戦術核兵器、ICBMまで保有するようになった状況で、米国の拡大抑止の約束が有事の際、まともに作動しない可能性もあることを示唆する。ランド研究所と峨山政策研究院が共同で発刊した前述の報告書は「金正恩は米国の拡大抑止を崩すために準備しているICBM能力の相当部分を活用し、米軍が北朝鮮の限定的な核攻撃に報復できないようにするかもしれない」と指摘し「そうなれば米韓同盟が瓦解《がかい》することもあり得る」と展望した。[55]

北朝鮮は２０２３年4月10日、党中央軍事委員会第8期第6回拡大会議を開催し、翌日の「労働新聞」で今度は首都圏と平沢の在韓米軍基地、鶏龍台《ケリョンデ》〈忠清南道・鶏龍市にある韓国の陸海空の三軍の本部が置かれている地区〉などを含む韓国の西部地域に対する作戦計画地図をぼやかしたいくつかの写真で公開した。北朝鮮は韓国側の「平壌占領」と「斬首作戦」言及に対して強く反発し、「敵がいかなる手段と方式でも対応が不可能な多様な軍事的行動プランを用意するための実務的問題と機構編制的な対策を討議した」と明らかにした。[56]

このため北朝鮮は今後、龍山《ヨンサン》の大統領府（官邸）、平沢の在韓米軍基地と鶏龍台などを攻撃する弾道ミサイルおよび戦略巡航ミサイル発射訓練、平沢港を対象にした「水中核戦略兵器（核魚雷）」水中爆発訓練、模擬核ＥＭＰ弾（電磁波爆弾）攻撃訓練、韓国の西側地域に対する無人機浸透などを断行した。このような作戦を後押しするための機構編制改編も進行するものと予想される。

写真3-7　北朝鮮党中央軍事委員会第8期第6回拡大会議と作戦計画

資料：労働新聞2023.4.11

北朝鮮は２０２３年３月19日、平安北道《ピョンアンブクト》東倉里《トンチャンリ》一帯で戦術核弾頭搭載が可能な短距離弾道ミサイル（ＳＲＢＭ）のＫＮ23（北朝鮮版イスカンデル）１発を８００㎞の射程距離で発射し、日本海上空８００ｍでダミー核弾頭を成功裏に爆発させたと明らかにした。そして「核爆発操縦装置と起爆装置の信頼性が再び検証された」とした。[57]

北朝鮮の核ミサイルが20kt威力の核弾頭を搭載し、ソウル上空８００ｍの高さで爆発した時、11万４６００人余りが死亡するなど53万４６００人余りの死傷者が発生するというシミュレーション結果が出た。これは核爆発シミュレーションプログラムである「ヌークマップ」で、８００ｍ上空で最大殺傷力を出せる20kt級核弾頭が爆発した状況を仮定した結果だ。ヌークマップは、米スティーブンス工科大学のアレックス・ウェラースタイン教授が開発したプログラムで、主要シンクタンクが核兵器爆発の結果を推定する際に使用する。

一般的に核爆弾は破壊・殺傷範囲を極大化するために空中で爆発する。ヌークマップによると、20ktの威力の核爆弾がソウル上空８００ｍで爆発した時、市庁を中心に龍山区大統領府（３・６㎞）を含む半径５・29㎞（87・８平方㎞）が核爆発の直接的被害圏に入ることが分かった。市庁を中心に半径１００ｍ、深さ30ｍのくぼみができ、その中のすべての建物が焦土化される。この一帯には高さ７・21㎞の巨大なきのこ雲が立ち上がる。ソウル政府総合庁舎・明洞《ミョンドン》などが含まれる半径１・16㎞以内では被爆１カ月以内に死亡する致命傷を負う被害が続出するだろう。

もし龍山上空800mで20ktの核爆弾が爆発すれば、大統領府と国防部、合同参謀本部が地図上で消えるレベルの被害を受けることが分かった。

2013年の北朝鮮の5回目の核実験当時の爆発力は10ktだった。10ktの最大殺傷力高度は400mと推定されるが、この数値をヌークマップに入れれば7万7600人余りが死亡し、26万8590人が負傷するという結果が出る。爆発による直接的な被害半径も4・26kmに達した。1945年の広島原爆の時のように15kt級がソウル上空570mで爆発すれば死者11万4350人、負傷者28万3500人の被害が発生すると推算された。北朝鮮は核実験を6回行ったが、6回目の水素爆弾実験の爆発力は100~300ktに達したと分析された。[58]

図3-2　ソウル上空での
核爆発シミュレーション
20kt、800m上空での爆発
（19日の北朝鮮の実験基準）

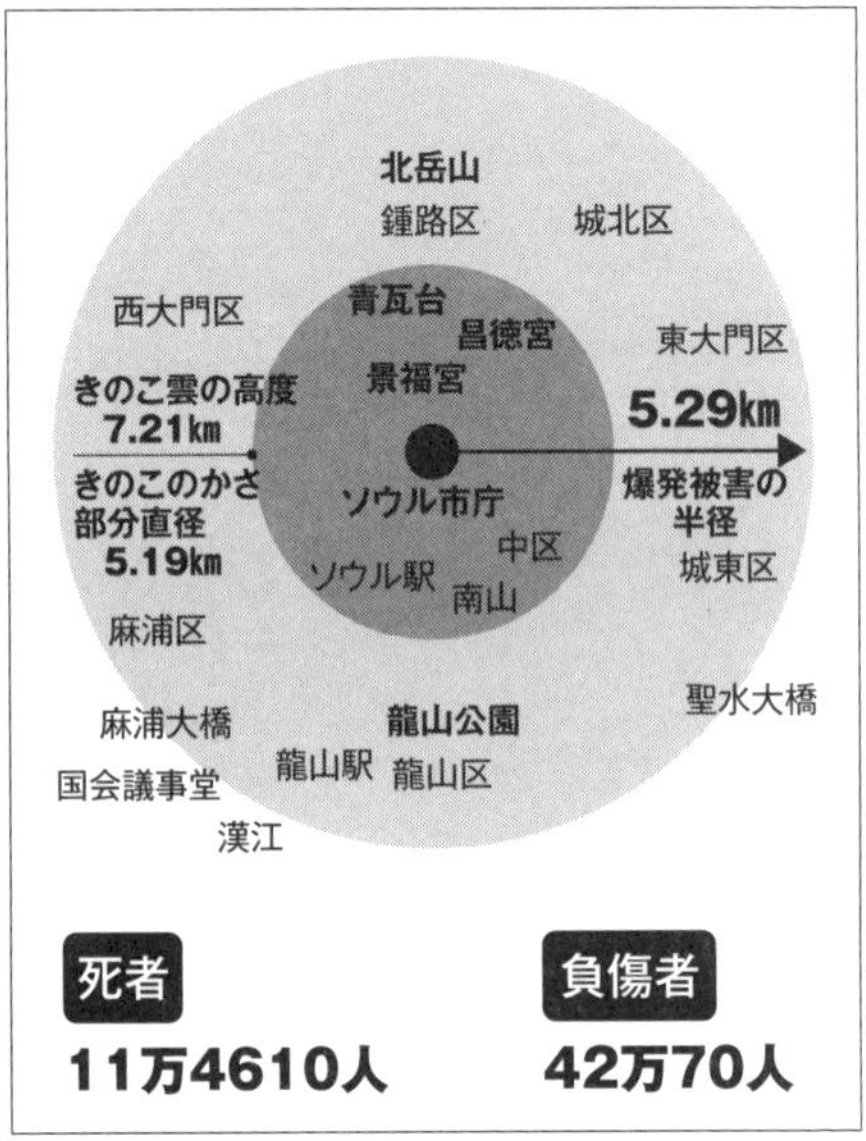

資料：朝鮮日報2023.3.22

日本の長崎大学核兵器廃絶研究センター（RECNA）は2023年4月7日、北東アジアで核兵器が使用される場合にもたらされる人命被害を米国ノーチラス研究所などとともにシミュレーションした結果を発表した。それによると、米国と北朝鮮の間で核兵器を使用する戦争が起これば、数カ月以内に最大２１０万人が死亡する可能性もあると分析された。そして朝鮮半島に核兵器を使用する場合としては、２つのシナリオが提示された。

第一に、国内外の経済的圧力で窮地に追い込まれた北朝鮮が米国と韓国を交渉のテーブルに着かせる目的で、韓国沿岸地域を狙って核を先制使用するシナリオだ。北朝鮮は広島に投下された核兵器より小型の爆発力10kt水準の核兵器を使用し、米国は韓国の要請によって通常兵器を使用して反撃した後、北朝鮮が大陸間弾道ミサイル（ＩＣＢＭ）や核兵器を隠していると推定される地点に小型核兵器２発を使用する場合だ。数カ月間の死者は、攻撃を受けた地域人口の27％にあたる１万１０００人、放射性物質の影響などにより長期的にがんにかかり死亡する人は１万６０００～３万６０００人と推計された。

第二に、北朝鮮のＩＣＢＭにより米国本土が脅威にさらされるという理由で米国が核兵器を先制使用すると仮定する場合だ。北朝鮮は、韓国と日本にある米軍基地を狙って核兵器を使って反撃し、中国も介入し、米国と中国が相手の軍事施設を核で攻撃するなど、核兵器が計18発使用される。この時は数カ月間で攻撃を受ける地域人口の33％である２１０万人が死亡し、放射性物質の影響などで死亡する人も48万～92万人と推算された。59

ところで長崎大学のシミュレーション結果は、米国が北朝鮮を核兵器で攻撃しても、北朝鮮が米本土を核兵器で攻撃しないことを前提とするものだ。もし米朝間の核戦争が拡大し、米国が平壌を核兵器で攻撃し、北朝鮮も米本土を水素爆弾で攻撃する全面戦争の状況が発生した場合、２１０万人よりはるかに多い人的被害を被るだろう。

第4章

米国の拡大抑止、戦術核再配備、ニュークリア・シェアリングオプションの限界

1　北朝鮮の核・ミサイル能力高度化と米国の拡大抑止の限界

米国の拡大抑止や戦術核再配備は、北朝鮮が核兵器とＩＣＢＭを保有していないか、北朝鮮の核とミサイル能力が初歩的な段階にある時にだけ有効な対応方式だ。韓国は世界10位圏の経済大国になり、通常兵器分野で世界6位圏の軍事強国になったものの、自分の運命を自ら決めることができず、米国の保護に依存している。この異常な状況から脱するためには、核保有と戦時作戦統制権（戦作権）の早期転換が欠かせない。

北朝鮮はすでに２０１７年に水素爆弾の開発に成功しており、米本土を攻撃できる大陸間弾道ミサイルの開発にも相当な進展を見せている。したがって韓国が米国の核の傘と拡大抑止に全面的に依存してもいいのかという疑問は大きくなっている。米国は自国の核体制を維持する上で「単一権限（Sole Authority）」原則を一貫して堅持している。米国の核兵器がどこに位置

しても、使用命令を下す最終権限は米国の最高司令官、すなわち大統領にある。この原則は「米国がリヨンやハンブルクのためにニューヨークやデトロイトに対する危険を甘受できるのか」という「ドゴールの疑い」を想起させる。[60]

２０２２年9月16日、ワシントンＤ．Ｃ．で開催された米韓拡大抑止戦略協議体（ＥＤＳＣＧ）会議で、両国は北朝鮮の核攻撃に対する「圧倒的かつ決定的な対応」を明らかにした。ところが北朝鮮が韓国に戦術核兵器を使用する場合、米国が自国本土に対する北朝鮮の核報復を甘受してまで戦略核兵器で「圧倒的かつ決定的な対応」をするかどうかは疑問だ。米国はこれまで具体的にどのような手段を使って拡大抑止公約を守るかに関して明確にしない「戦略的曖昧《あいまい》性」を維持してきた。現在の状況から見れば、北朝鮮の核攻撃の際、米国は核戦争を避けるために核兵器ではなく「圧倒的な」数量の通常兵器で対応する可能性が高い。

米国を全面的に信頼し難い理由の１つは、北朝鮮の核兵器使用を前提にした作戦計画の策定さえまだ行われていない点だ。北朝鮮は２０１７年に3度もＩＣＢＭを試験発射した後「国家核武力の完成」を宣言し、２０２２年からは戦術核使用の威嚇を露骨化している。にもかかわらず、北朝鮮の核兵器使用を前提とした作戦計画がまだ策定されていない事実は結局、米国の拡大抑止が米朝核戦争につながりかねない核報復まで真剣に考慮されていないことを反証する。

２０２２年11月3日、韓国と米国国防部はワシントンＤ．Ｃ．で第54回米韓安全保障協議会

（SCM）を開催し、高度化する北朝鮮の核・ミサイルの脅威を抑止し対応するための同盟の能力と情報共有、協議手続き、共同企画および実行などを強化することで合意した。この会議でロイド・オースティン米国防長官は、北朝鮮の多様な核兵器開発の試みに対して憂慮を表明し、核、通常兵器、ミサイル防御能力および進展した非核能力などを含むすべての範疇《はんちゅう》の軍事能力を運用し、大韓民国に拡大抑止を提供するという米国の「堅固な公約」を再確認した。そして同長官は「米国や同盟国および友好国に対する非戦略核（戦術核）を含むいかなる核攻撃も容認できず、これは金正恩政権の終末を招くだろう」と警告した。

この会議で両国の長官が最近の動向に対応するため、北朝鮮の核使用シナリオを想定した拡大抑止演習（DSC TTX、Table Top Exercise）を毎年開催することにした点などは意味のある進展だ。しかしTTXは文字通り「卓上型練習」だ。実際に核関連兵器を運用する訓練までは行っていない。[61] 米韓が同会議でも、北朝鮮の核兵器使用時に相応する「即時かつ自動的な」米国の核報復に具体的に合意できなかった事実は、同盟を守るために核戦争を甘受しなければならない米国のジレンマを示している。[62]

２０２３年４月26日、尹錫悦《ユンソンニョル》大統領とバイデン大統領は首脳会談を開き、拡大抑止を強化し、核および戦略を討議するための「核協議グループ（NCG、Nuclear Consultative Group）」新設と韓国の核武装オプション放棄などを主要内容とする「ワシントン宣言」を発表した。金泰孝《キムテヒョ》国家安保室第1次長は同日、ワシントンで記者団に対し、この宣言が「韓国型拡大抑止実行計画を盛り込み、拡大抑止実行力を過去とは質的に異なる水準に引き上げた」と自己評価した。そして「米国の核兵器運用に対する情報共有と共同計画メカニズムを用意しただけに、わが国民は事実上米国と核を共有しながら過ごすように感じられるだろう」と付け加えた。

与党「国民の力」の主要関係者たちも「今回のワシントン宣言で、韓国に核が物理的に存在しなくても事実上存在することになった」と主張した。さらに「宣言後の米韓同盟は核同盟になった」という評価まで出た。また「米国が他国とニュークリア・シェアリング体制を構築した事例は1966年のNATOが1番目であり、今回の私たちとのニュークリア・シェアリングが2番目」という主張も出た。与党関係者がこのように主張する主な根拠は、宣言に明文化された戦略ミサイル原子力潜水艦（SSBN）などの定例的な朝鮮半島展開が「NATO式ニュークリア・シェアリング」の最大特徴である戦術核再配備と同じ効果をもたらすということだ。

しかしホワイトハウス国家安全保障会議（NSC）東アジア・オセアニア担当ケーガン局長は4月27日、国務省庁舎で開かれた韓国メディアの特派員団との懇談会で、ワシントン宣言の内容を「事実上のニュークリア・シェアリング（de facto nuclear sharing）」とは考えないと反論した。ケーガン局長は「（朝鮮半島に）戦術核兵器を配備しないためニュークリア・シェアリングではないという意味か?」という質問に「そうだ」と答えた。続いて「ニュークリア・シェアリングは核兵器統制(control of weapons)に関するもので、これ(ワシントン宣言)ではそれは起こらない」と述べた。宣言に対する両国間の立場の違いは、韓国の政府と与党が米国の約束に対して実際と乖離《かいり》した幻想と非現実的な期待を持っていることを示している。

両国首脳は「拡大抑止を強化し、核および戦略企画を討議し、不拡散体制に対する北朝鮮の脅威を管理するため」に新しい核協議グループ(NCG)設立を宣言した。同グループは次官補級協議体で、1年に4回程度開催されるという。

国防部関係者は既存の国防・外交次官級2+2協議体である米韓拡大抑止戦略協議体(EDSCG)との違いについて「EDSCGが広範囲な政策を協議することに主眼を置いたとすれば、NCG(核協議グループ)は核運用に特化した協議体」と説明した。NCGがEDSCGより格が低い理由は、このように新設機構が扱うテーマが限定的であるためだ。

ワシントン宣言は「同盟は有事の際、米国の核作戦に対する韓国の通常兵器支援の共同実行および企画が可能になるよう協力し、朝鮮半島での核抑止適用に関する教育および訓練活動を強化していく」と言及して、明確に両国間の核企画討議に期待を持たせる内容が含まれている。

宣言はまた「米韓同盟は核有事の際、企画に対する共同のアプローチを強化するための両国間の新しい政府全体による図上シミュレーションを導入した」と明らかにして拡大抑止の実行力を高めている。

両国首脳は「米国は今後予定された戦略核潜水艦の韓国寄港を通じて証明されるように、韓国に対する戦略兵器の定例的な可視化を一層増進させるだろう」と明らかにした。米国が運用する戦略ミサイル潜水艦（ＳＳＢＮ）には射程距離1万２０００㎞の弾道ミサイル（ＳＬＢＭ）「トライデントⅡ」が20発搭載され、各ミサイルに核弾頭が８発ずつ搭載されている。したがって戦略核潜水艦の韓国への寄港は、北朝鮮にとって相当な脅威と見なされるだろう。

ところが、このようなワシントン宣言は尹大統領とバイデン大統領間の合意文であるため、もし米国で大統領が変われば一夜にして紙屑《かみくず》になる恐れがある。それゆえ韓国の大統領府が主張するように今回の宣言を「第２の米韓相互防衛条約」と見なすことは不適切だ。条約は大統領が変わっても簡単に廃棄できない一方、「宣言」にはそのような法的拘束力がないためだ。

そして戦略兵器の「定例的可視化」増進が果たして朝鮮半島情勢を安定させ、韓国国民の不安感を解消できるかも疑問だ。ケイトー研究所のエリック・ゴメス研究員が２０２３年４月30日、米国の政治専門メディア「ザ・ヒル」への寄稿でこの点を明らかにしている。つまり米国の戦略は、合同軍事演習にミサイル訓練で対応する最近の行動を考慮すると、北朝鮮の強力な反発を呼び起こす可能性が高い。ゴメス研究員は「宣言は症状を治療するものであって、根本的な病気を治療するものではない」とし「北朝鮮の核プログラムに対する制約がなければ、金正恩は引き続き核兵器を拡張するだろうし、それは米国の公約に対する信頼を弱体化させ、韓国がより多くの安心を追求するようにさせるだろう」と強調した。

このようにワシントン宣言は米国の拡大抑止を強化する内容を含んでいても、北朝鮮の核とミサイル能力が高度化すればするほど米国の拡大抑止は弱まるほかない。そして韓国が米国に安全保障をほぼ全面的に依存しなければならない状況では、米中戦略競争が激化するほど中韓関係はさらに悪化し、北朝鮮は無視し続け、韓国は核の恐怖から永遠に抜け出せないだろう。[63]

米本土防衛を担当する米軍北部司令部のグレン・ヴァンハーク司令官は2023年3月、議会の証言で「米本土に対する限定的な北朝鮮の大陸間弾道ミサイル攻撃に対して防御する能力については確信する。（しかし）我々が目撃した北朝鮮の力量と能力が、我々の防御能力を超え得るという点で今後憂慮される」と話した。[64] マイク・ターナー米下院情報委員長（共和党・オハイオ州）は2023年6月4日、ABC放送に出演し「北朝鮮が核弾頭の小型化に成功したと主張しているが、事実だと信じるか」という質問に「私たちはそう信じている」と答えた。そして「現在、北朝鮮の核兵器能力はニューヨーク市を攻撃できる能力を保有している」とし「我々にも武器があり、彼らにも武器がある。北朝鮮に関連した抑止力の概念は死んだ（the concept of deterrence is dead）」と述べた。[65] このように北朝鮮の核とミサイル能力の高度化に、米国も防御能力に限界を感じている。はなはだしくは米下院情報委員長が「北朝鮮に関連した抑止力の概念は死んだ」と明らかにする状況で、韓国が米国の拡大抑止にほぼ全面的に依存することが正しい選択なのか疑問だ。

現在、米政府が核保有を阻止するために韓国に約束することは、1960年代初めに米国がフランスの核開発を中断させるために約束したことと驚くほど似ている。1961年5月末、パリを訪問したケネディ大統領はフランスに対するソ連の核兵器使用の際、果たして米国がフランスを核兵器で守ることができるかを問うドゴール大統領に、米国は西欧がソ連の手中に落ちるように放っておくよりは、むしろ核兵器を使ってでもこれを阻止する決心だと明らかにした。しかしドゴール大統領がさらに具体的に質問した時、すなわちソ連の侵略がどこまで広がれば、いつ、どの目標物（ソ連内の地点か、またはそれ以外の地点か）にミサイルを発射するかについて尋ねた時、ケネディ大統領は答えられなかった。するとドゴール氏は次のように話した。

貴殿が返事をしないからといって驚くことはありません。私を非常に信頼し、私も相当なほど高く評価しているNATO司令官のノースタッド将軍も、まさにこの点に関しては私にはっきり言えなかったのです。私たちにとっては、この具体的な問題が最も重大な問題です。[66]

またケネディ大統領は、核兵器開発を中断してほしいという希望を持ってドゴール氏にポラリス原子力潜水艦をNATOに編入させることを提案した。その論理は、新型核兵器のポラリス潜水艦さえNATOが保有することになれば、純粋に欧州防衛のため抑止力のある兵器として使用できるということだった。するとドゴール氏はケネディ氏に「人を殺そうとする者に結局、自分まで死んでしまうという真理を悟らせる方法は、核を保有するしかない」と強調した。そしてポラリス原子力潜水艦をNATOが数隻保有することになったとしても、それはどこかにある米司令部から他の米司令部に移譲することに過ぎず、結局その使用決定権は米大統領にだけある点を指摘した[67]。

米国は今も、北朝鮮が韓国を核兵器で攻撃する場合、米国が持っているどの核兵器で北朝鮮にどのように報復するのかを具体的に協議しておらず、それは米大統領の固有決定権限だと主張している。したがって米国の核使用は、あくまでも北朝鮮が核を使用した時の米大統領の判断と決心に全面的に左右されるほかない。

2　米国の戦術核兵器再配備とニュークリア・シェアリングオプションの限界

北朝鮮の核脅威に対抗するために米国の戦術核兵器を再配備しなければならないという主張が、韓国と米国の一部専門家と政治家によって提起されている[68]。しかし米国が韓国に配備できる戦術核兵器が十分にない点が、この主張の第一の問題点として指摘されている。戦術核兵器の威力は通常0・1から数十ktで、戦略核兵器より弱い。戦術核兵器は戦闘機や爆撃機から投下する爆弾、各種砲から発射される砲弾、一般ミサイルの弾頭、核リュック〈破壊用特殊爆弾〉、核地雷、核魚雷など多様な形態があったが、1990年代以降ほとんど廃棄され、今は戦闘機搭載用爆弾くらいしか残っていない。[69]それでトビー・ダルトン米カーネギー国際平和財団核政策プログラム局長は2016年6月、国立外交院が韓国核政策学会と共同で開催した「米韓核政策国際会議」に出席し、韓国内の戦術核再配備について「可能性がない」とし「そのような武器がもはや存在しないため」と一蹴《いっしゅう》したことがある。[70]

米国は1991年、ロシアと戦略兵器削減条約のSTART（Strategic Arms Reduction Treaty）を締結した後、戦闘機搭載用のB61戦術核爆弾を除くほぼすべての戦術核兵器を廃棄した。そしてトランプ政権時代に新たな低威力核兵器3種（B61-12型航空爆弾、W76-2型SLBM、新型トマホーク核巡航ミサイル）を開発した。[71]

もし米国が今後、戦術核兵器を再配備する場合、在韓米軍が運用する2つの主要空軍基地である烏山《オサン》空軍基地（京畿道平沢市一帯）と群山《クンサン》空軍基地（全羅北道北西部）に配備しなければならない。NATOのニュークリア・シェアリングによってB61核爆弾が配備されたドイツ・イタリア・オランダ・ベルギー・トルコの5カ国もすべて空軍基地に戦術核が配備されている。[72]

このように米国の戦術核兵器は再配備できる場所が制限され、北朝鮮の軍事的攻撃に脆弱《ぜいじゃく》だという限界がある。米国政府が非現実的な「朝鮮半島の完全な非核化」という政策を固守する限り、戦術核の再配備が現在の政策基調に反するという問題点もある。

米中戦略競争が激化し、米国の戦術核再配備に対して中国が強く反発する可能性が高い。米国の戦術核兵器が韓国に再配備される場合、米大統領は有事の際にそれを北朝鮮だけでなく中国に使用することもできる。このため中国は、在韓米軍のサード（THAAD、高高度ミサイル防衛システム）配備時より強く反発するものと予想される。筆者が中国の主要な朝鮮半島専門家を対象に2022年に調査した結果でも、中国人専門家たちは韓国の核武装より米国の戦術核兵器の再配備に対してより強い拒否感を持っていることが分かった。韓国が核兵器を保有する場合、その統制権は韓国大統領が持つだろうし、韓国が中国との核戦争まで考慮する可能性は薄いため、中国は韓国の核保有よりも米国の戦術核兵器の再配備に否定的なものと判断される。

最大野党も戦術核の再配備に強く反対しており、再配備が可視化される場合、国内的に深刻な対立が予想される。2021年12月、シカゴ国際問題協議会（CCGA）が韓国国民1500人を対象に行った世論調査で、独自開発と米国核配備のどちらを好むかという質問に「独自開発」が67％で「米国核配備」（9％）より圧倒的に多かった。そして韓国の核武装について国民の力の支持層の81％、民主党の支持層の66％が同意した。したがって韓国政府が核武装を推進する時よりも、戦術核兵器の再配備を推進する時に国論分裂がさらに深刻になるものと予想される。

朝鮮半島で核を使用しなければならない最悪の状況が到来しても、グアムから朝鮮半島にB52を出撃させたり、また別の米軍戦略兵器であるB2（スピリット）ステルス爆撃機、原子力潜水艦などを利用して遠距離攻撃を敢行したりすることができる。このため、あえて戦術核を朝鮮半島に配備する必要はないという指摘もある。にもかかわらず韓国政府の要求によって米国が戦術核兵器を再配備することになれば、それに必要な費用を要求して韓国の防衛費分担金がさらに増える可能性もあるだろう。

NATO式「ニュークリア・シェアリング」または「核兵器共有」は、米国が核兵器を保有していない加盟国に対して核兵器の具体的な管理と維持を提供する方式をいう。加盟国は核兵器政策について協議し、主要内容を決定し、核兵器の使用についても一定の権限を持つ。ただし有事の際、核兵器使用に対する最終決定権は米国大統領にある。[73] したがって拡大抑止と戦術核兵器の再配備、NATO式ニュークリア・シェアリングがそれぞれ異なる核オプションとして考慮されているが、3つの場合すべて米国大統領が核兵器使用に対する最終決定権を行使する点で同じ限界を持っている。言い換えれば、「北朝鮮が韓国を核兵器で攻撃する場合、米大統領がニューヨークとワシントンD.C.に対する核報復を甘受してまで北朝鮮への核使用を決心できるのか」という疑問が同じように繰り返し提起されざるを得ない。

NATO式ニュークリア・シェアリングが果たして韓国の安全保障にどれだけ役立つかを把握するためには、欧州にNATOという集団防衛機構があるにもかかわらず、ドゴール大統領がフランスの核保有を推進した理由をまず見極める必要がある。ドゴール氏は、自分が権力の座に再び就いた1958年の時点で世界情勢がNATO創設当時と比べてまったく違う様相を帯びており、西欧での軍事的安全保障条件が大きく変わったと認識した。つまり「米国とソ連がそれぞれ相手を破滅させる恐るべき武器（核兵器）を備えている以上、どちらも戦争を起こせなくなったこと」と評価したのだ。それとともに「米ソ両国が彼らの中間地点である中欧や西欧に爆弾を投下するならば、これを防ぐ手段があるだろうか？　西欧人にとってNATOはもはや保護者の役割を果たせない。保護の有効性自体がすでに疑われるようになった時に、誰が自分の運命を保護者に任せるのか？」という疑問を提起した。そして「フランスも核兵器を持ち、誰もあえて私たちを攻撃しないようにしなければならない」との決心を固めたのだ。[74]

ドゴール大統領が核開発を推進すると、当時のフォスター・ダレス米国務長官は「貴国が欧州に結成されたNATOという相互安全保障体制に積極的に参加することを切望する」とし、次のように尋ねた。「私たちは、貴国が核兵器を保有しようとする瞬間に直面しているという事実を知っています。フランスが独自の核兵器生産のために莫大な資金を投入して実験し製造するより、我々がフランスに核兵器を提供するほうが良いのではないでしょうか？」。これにドゴール氏は次のように答えた。

私たちは核兵器を保有することで、私たちの国防と外交政策が拘束されないようにするということに最も大きな意義があると信じています。もしあなたたちが私たちに核兵器を売るなら、そしてその兵器が完全に私たちのものになり、私たちが制限されずにこれを使うことができれば、私たちは喜んでそれを買うでしょう。[75]

するとダレス長官は、それ以上自分の意見を主張することができなかった。当時、ダレス氏は米国人が管理する条件の下で核兵器をフランスに提供すると提案した。いわば核ミサイルをNATO軍司令官の命令によってのみ使えるように、米国人が鍵を持つという条件だった。このような対応にドゴール氏は「私たちが望むことは私たちが核爆弾を私たちの爆弾として保有することだ」と話した。これに対してダレス氏は、フランスが米国を疑っていると主張した。そこでドゴール氏は次のように答えた。

もしソ連が我々を攻撃すれば、我々とあなたたちは1つになるだろう。しかし、このような仮想状況の下でも、核攻撃の犠牲になるかどうかの運命を自ら決めたい。敵の攻撃を止める手段が必要だ。この目的を達成するためには、我々が敵を攻撃する能力がなければならず、我々が外国の許可を受けなくても侵略者を強打する能力があることを敵に確実に知らせなければならない。東西間で争いが起これば、米国人が敵を相手の領土で滅ぼす手段を持っていることは疑いの余地がない。しかし敵もあなたの領土であなたを破壊できる武器を持っている。それでは、フランスの立場を話してみよう。米国が敵の爆撃を直接受けない限り、我々フランス人はどうしてあなたたちも死の危機にさらされると確信できるのか？　もちろんあなたたちの国が滅亡すれば、同時にソ連も消えるとあなたたちは考えることができる。反対の論理も同じ結論になる。……これを核抑止力としよう。しかし、両大国（米ソ）の同盟国にはこのような抑止力が存在しない。米国やソ連が彼らの隙間に横たわっている地域、すなわち欧州が戦場になった時、これを荒廃化させないように予防できる手段は何か。NATOはそのような状況に備えていないのではないか。もしそのような状況が起これば、フランスは過去の世界大戦の時のように地理、政治、戦略的理由のために一番先にやられることになるだろう。フランスは誰が威嚇するか、どこから脅威がやってくるかにかかわらず、独自に存続していくことを望んでいる。[76]

1959年9月、ドゴール大統領の招待でフランスに国賓訪問したアイゼンハワー米大統領も、ダレス長官と似たような質問をした。「米国は欧州の運命が自分の運命だと考えている。あなたはなぜこの点を疑おうとするのか？」。これにドゴール氏は次のように答えた。

もし欧州がある日、あなたたちの競争相手に征服される不幸な境遇に陥れば、まもなく米国も立場が苦しくなるのは事実だ。……それでは戦争が始まって終わる間、私たちはどうなるのか？　先の2回の世界大戦中、米国はフランスの同盟国であり、私たちはあなたたちから受けた恩を忘れていない……しかし、フランスは第1次世界大戦の時、3年という長くて苦しい時日が過ぎた後になって、米国が助けの手を差し伸べたことも忘れていない。第2次世界大戦の時も、あなたたちが介入する前にフランスは崩壊したのだ。[77]

続いてドゴール氏は「1つの国が他の国を助けることはできるが、自分の国と他の国を同一視することはできない」と指摘した。言い換えれば、彼はフランスが第2次世界大戦の時のように外部から致命的な攻撃を受けたり、助けられたりした歴史的経験に基づいて、自国の安全保障を他国に依存するのではなく、自分の力で自ら自国を守らなければならないという確固たる立場を持っていたのだ。

その見方を韓国に適用すれば、次のような結論を引き出すことができるだろう。もし北朝鮮が韓国を核兵器で攻撃すれば、米国が助けることはできるが、米国は北朝鮮と核戦争をする状況を最大限避けようとするだろう。したがって米国は、米本土が北朝鮮の核兵器で攻撃を受けるまでは直接的な核報復を避け、ロシアの侵攻を受けたウクライナに兵器を支援し続けるように韓国にも兵器を支援し続け、南北間の戦争が続くのを見守るだろう。

ところが、もし韓国が核兵器を保有していれば、南北間には「核抑止力」が存在するので、韓国が核攻撃の犠牲になる状況を避けることができるだろう。バイデン政権の「2022核態勢見直し報告書」は、「朝鮮民主主義人民共和国（北朝鮮）は中国、ロシアのようなレベルの競争相手国ではないが、依然として米国と友好国・協力国に抑止ジレンマをもたらす」と表明することで、拡大抑止の難しさを初めて公に認めた。

にもかかわらず、私たちはいつまで「北朝鮮が私たちを核兵器で攻撃すれば、米国が自国の大都市のいくつかが犠牲になってまで北朝鮮に核兵器で報復して私たちを保護してくれる」という期待にすがっていなければならないのか疑問だ。

注釈

1 朴用韓、李商圭、〝北朝鮮の核弾頭数量推計と展望〟、《北東アジア安保情勢分析》、2023.1.11.
2 イ・ソン、「『同時発射時、核に匹敵する威力』……『玄武-5ミサイル』の破壊力」、YTN、2023.2.4.
3 鄭忠信、「軍、弾頭重量6t戦術核兵器級『玄武-5怪物ミサイル』開発中」、〈文化日報〉、2022.7.25.
4 ノ・ソクジョ、「ソウル市庁上空800mで核爆発時は……シミュレーションしてみると」、〈朝鮮日報〉、2023.3.22.
5 「[第6次世宗国防フォーラム]戦略司令部創設、どうみるか」、https://www.youtube.com/watch?v=h9CF3ii5u10 参照。
6 David E. Sanger and Maggie Haberman, "In Donald Trump's Worldview, America Comes First, and Everybody Else Pays." 〈The New York Times〉, 2016.3.26.
7 宋金永、〝ロシアのベラルーシ戦術核兵器配備の背景と展望〟、〈外交広場〉、2023.6.23.
8 さらに詳しい内容はグローバル・ファイヤーパワーのホームページhttps://www.globalfirepower.com/countries-listing.php 参照。
9 シャルル・ドゴール著、シム・サンピル訳、「ドゴール、希望の記憶」(イチョウの木、2013)、310ページ。
10 シャルル・ドゴール、「ドゴール、希望の記憶」、311ページ。
11 シャルル・ドゴール、「ドゴール、希望の記憶」、313ページ。
12 チョ・ムンジョン、「韓国、核武装よりは社会的合意を復元し、『ウラン濃縮権限』を確保すべき」、〈ニューデイリー〉、2023.6.20.
13 冷戦時代の東南アジアにおける共産主義の拡大に対抗するために1954年9月8日にマニラで「東南アジア集団防衛条約」あるいは「マニラ条約」に米国、英国、フランス、フィリピンなど8カ国が署名したことにより創設された軍事協力機構。
14 シャルル・ドゴール「ドゴール、希望の記憶」、391ページ。
15 シャルル・ドゴール「ドゴール、希望の記憶」、401ページ。
16 朴済均、「盧大統領は『フランスコード』…『言うべきことは言うスタイル』ドゴールにそっくり」、〈東亜日報〉、2005.4.29.

17　この部分は鄭成長、「尹錫悦政権の対北朝鮮戦略と課題」とイ・デウ編、「尹錫悦政権の対外政策課題」（世宗研究所、2022）、48～54ページの内容を修正して作成した。

18　李相万、「金日成時代の中朝関係」、李相万・イ・サンスク・文大瑾、「中朝関係：1945-2020」（慶南大学校極東問題研究所、2021）、76ページ。鄭成長、「北朝鮮・中国軍事交流協力の持続と変化」（世宗研究所、2012）参照。

19　〈労働新聞〉1961.7.12.

20　チェ・テビョン、「[ザ・チャート] 韓国軍事力世界6位、北は30位…ロシアvsウクライナの違いは？」〈マネートゥデイ〉。

21　Global Fire Power, "2023 Military Strength Rank," https://www.globalfirepower.com/countries-listing.php（検索日：2023.4.9）。

22　キム・ホソン、「北、3年ぶりにGDPプラス転換……南北一人当たり所得格差拡大」、〈ソウルファイナンス〉、2020.12.28.

23　金正恩、「現段階での社会主義建設と共和国政府の対内外政策について―朝鮮民主主義人民共和国最高人民会議第14期第1回会議で行った施政演説。主体108（2019）年4月12日、〈労働新聞〉、2019.4.13.

24　羅鍾一教授らは北朝鮮の戦略が基本的に一貫した「行動対行動」原則に基づくと説明する。すなわち、最初から核兵器と核物質をすべて申告し、強制査察に基づいて核兵器を廃棄すべきだという米国の主張に対して、核施設を一部閉鎖し、国連の制裁措置を一つずつ暫定凍結するやり方で時間を稼ぎ、経済交流など平和な関係を維持し、決定的な段階で再び合意履行を中断し、すべてを原点に戻すのが北朝鮮の戦略だということだ。羅鍾一・キム・ドンス・李永鐘「ハノイの道」（パラムブック、2022）、102ページ。

25　羅鍾一・キム・ドンス・李永鐘「ハノイの道」、103ページ。

26　ノ・ジウォン、「国際政治の権威ミアシャイマー『これ以上の最大圧迫政策はいけない』」、〈ハンギョレ〉、2018.3.24.

27　申鐘浩ほか、「米中戦略競争と韓国の対応：歴史的事例と示唆点」（統一研究院、2021）、404ページ。

28　文大瑾、「中朝関係の特徴と変化」李相万・イ・サンスク・文大瑾、〈中朝関係：1945-2020〉（慶南大学校極東問題研究所、2021）、260ページ。

29 キム・ドクギ、「最近のウクライナ事態が朝鮮半島の安全保障に与える含意」、〈KIMS Periscope〉第265号（2022.2.17.）、3ページ：鄭京泳、「ウクライナ戦争と韓国への示唆点」、〈国際問題研究所イシューブリーフィング〉No.177（2022.3.21.）、6～9ページ：趙漢凡、「ウクライナ事態の評価と国際秩序変化の展望」統一研究院Online Series（2022.4.14）、4～7ページ。

30 ユ・チョルジョン、「クリントン、『ウクライナに核放棄説得』後悔……『ロ、侵攻できなかっただろうに』」、『聯合ニュース』、2023.4.6.

31 北朝鮮の核兵器は内部に向けた政治的側面もある。核保有国ということ自体が住民の士気を高める効果がある。洪宇澤、パク・チャングォン、『北朝鮮の核戦略分析』（統一研究院、2018）、92ページ。

32 鄭成長、「[鄭成長コラム] キム・ジュエの登場、『4代世襲』の信号弾?」、フィレンツェの食卓、2023年1月13日（https://firenzedt.com/25564）参照。

33 「朝鮮労働党中央委員会第7期第5回総会に関する報道」、〈労働新聞〉2020.1.1.

34 「朝鮮労働党中央委員会　金与正第1副部長談話」、〈朝鮮中央通信〉、2020.7.10.

35 「ウリ式社会主義建設を新しい勝利に導く偉大な闘争綱領——朝鮮労働党第8回大会でなさった敬愛する金正恩同志の報告について」、〈労働新聞〉、2021.1.9.

36 「朝鮮労働党中央委員会第8期第6回総会拡大会議に関する報道」、〈労働新聞〉、2023.1.1.

37 ジ・イェウォン、「ミアシャイマー教授『北、核放棄しない…対北交渉は時間の無駄』」、自由アジア放送、2019.3.20.

38 キム・ヨンレ、ペ・ヨンギョン、「北、新型戦術誘導弾試験発射……合同参謀本部『昨日2発』と1日後に公開（総合3報）」、「聯合ニュース」、2022.4.17.

39 「敬愛する金正恩同志が新型戦術誘導兵器の試験発射を参観された」、〈労働新聞〉2022.4.17.

40 ペ・ヨンギョン、「北、新型兵器に『戦術核』を搭載する模様……対南核脅威がますます露骨化」、〈聯合ニュース〉、2022.4.17.

41 「朝鮮民主主義人民共和国最高人民会議法令　朝鮮民主主義人民共和国の核武力政策について」、〈労働新聞〉、2022.9.9.

42 「朝鮮民主主義人民共和国最高人民会議法令　自衛的核保有国の地位をさらに強固にすることについて」、〈労働新聞〉、

2013.4.2.

43 鄭成長、「北朝鮮の核指揮統制体系と核兵器使用条件の変化の評価―9・8 核武力政策法令を中心に」、〈世宗論評〉No.2022-06（2022.9.14）参照。

44 「敬愛する金正恩同志が朝鮮人民軍戦術核運用部隊の軍事訓練を指導なさった」、〈労働新聞〉、2022.10.10.

45 洪珉、「北朝鮮の朝鮮人民軍創軍75周年記念閲兵式分析」、統一研究院Online Series、2023.2.13、5ページ。

46 「朝鮮民主主義人民共和国の戦略武力の絶え間ない発展像を示す威力的実体が再び出現―敬愛する金正恩同志が新型大陸間弾道ミサイル「火星砲-18」型の初試験発射を現地で指導された」、〈労働新聞〉、2023.4.14.

47 〈労働新聞〉、2023.4.14.

48 ブルース・W・ベネット、崔剛、コ・ミョンヒョン、ブルース・E・ベクトル、バク・チョン、ブルース・クリングナー、車斗鉉、〈北朝鮮の核脅威、どう対応するのか〉（ランド研究所・峨山政策研究院、２０２１）。

49 朴用韓、李商圭、「北朝鮮の核弾頭数量推計と展望」、〈北東アジア安保情勢分析〉、2023.1.11.

50 パク・ジェウ、「米科学者連盟『北朝鮮が核弾頭を追加……〝30発以上と推定〟、自由アジア放送、2023.4.4.

51 Andrew Futter著・コ・ビョンジュン訳、〈核兵器の政治〉（名人文化社、２０１６）、58～61ページ参照。

52 李宇卓、「『北、核弾頭30発以上保有』の意味と波紋」、〈聯合ニュース〉、2023.4.5.

53 鄭成長・崔銀珠、「北朝鮮の党中央委員会第８期第６回総会の評価と２０２３年対内外政策の展望：核能力の急拡大と安定的体制管理追求」〈世宗政策ブリーフ〉No.2023-01（2023.1.27）参照。

54 鄭成長、「北朝鮮の戦術核兵器前方実践配備の展望と作戦計画修正の含意―北朝鮮の党中央軍事委員会第８期第３回拡大会議の評価」、〈世宗論評〉No.2022-03（2022.7.1）参照。

55 ブルース・W・ベネットほか、「朝鮮の核脅威、どう対応するのか」、xiiページ。

56 「朝鮮労働党中央軍事委員会第８期第６回拡大会議開催」、〈労働新聞〉、2023.4.11.

57 「核反撃仮想総合戦術訓練を実施」、〈労働新聞〉、2023.3.20.

58 ノ・ソクジョ、「ソウル市庁上空８００ｍで核爆発時は…… シミュレーションしてみると」、〈朝鮮日報〉、2023.3.22.

59 パク・ソンジン、「日本の研究所『朝米間で核兵器使用時、最大２１０万人死亡』」、〈聯合ニュース〉、2023.4.7.

60 車斗鉉、「独自核武装、支払う代価があまりにも大きい」、〈新東亜〉２０２２年12月号、48ページ。

61 車斗鉉、「独自核武装、支払う代価があまりにも大きい」、53ページ。
62 ソウル市立大法学専門大学院の李昌偉教授は「核兵器が搭載された北朝鮮の大陸間弾道ミサイルが米国の西部を実際に脅かすことになれば、米国が提供する拡大抑止は紙切れになりかねない。それ（拡大抑止）は、米国が他国のために核戦争を敢行するという意志があってこそ効果があるからだ」と指摘している。李昌偉、「北朝鮮の核の前に立つ我々の選択：核拡散の60年の歴史と実践的解決策」（クンリ出版、2019）、39ページ。
63 ワシントン宣言に対するより詳細な分析は鄭成長、「[鄭成長コラム] ワシントン宣言、北朝鮮の核脅威への対応にどれだけ役立つか?」、フィレンツェの食卓、2023.5.8（https://firenzedt.com/27251/）参照。
64 カン・ビョンチョル、「下院、北ミサイル脅威増大に米本土ミサイル防衛オプションの報告要求」、〈聯合ニュース〉、2023.6.14.
65 カン・ビョンチョル、「米情報委員長『北、核弾頭の小型化に成功……ニューヨーク攻撃能力保有」、〈聯合ニュース〉、2023.6.5.
66 シャルル・ドゴール、「ドゴール、希望の記憶」、395~396ページ。
67 シャルル・ドゴール、「ドゴール、希望の記憶」、396ページ。
68 車斗鉉、「独自核武装、支払う代価があまりにも大きい」、51~53ページ。
69 李昌偉、「北朝鮮の核の前に立つ我々の選択」、43ページ。
70 キム・ヒョジョン、「米専門家『韓国で核武装論議が続けば米にとって政策ジレンマ』」、〈聯合ニュース〉、2016.6.14.
71 車斗鉉、「独自核武装、支払う代価があまりにも大きい」、50ページ。
72 庾龍源、「[庾龍源のミリタリーシークレット] 戦術核の再配備が現実的に難しい三大理由」、〈朝鮮日報〉、2022.10.18.
73 李昌偉、「北朝鮮の核の前に立つ我々の選択」、44ページ。
74 シャルル・ドゴール、「ドゴール、希望の記憶」、311~313ページ。
75 シャルル・ドゴール、「ドゴール、希望の記憶」、323ページ。
76 シャルル・ドゴール、「ドゴール、希望の記憶」、330~331ページ。
77 シャルル・ドゴール、「ドゴール、希望の記憶」、331~332ページ。

2部

核武装に向けたチェックリストと推進戦略

第5章 核武装に向けた対内外条件とチェックリスト

1　最高指導者の確固たる核武装の意志と積極的な説得

韓国が核武装を通じて南北核均衡を実現し、過度な対米依存度を減らすためには、最高指導者の確固たる意志が何よりも重要だ。ドゴール大統領は1959年9月16日、国防大学校の視察を終え、教授たちとその他の聴衆の前で「国家防衛」というテーマで演説した。その際、「フランスの防衛はフランス人の手で行われなければならない」と強調し、次のように述べた。

フランスのような国が戦争をすることになる時には、その戦争は自身によって自身の努力で遂行されなければならない。フランスの防衛は場合によっては他国の防衛と相互に関わりあっている。しかし我々は自らの問題と関連して、フランスが自らのために、自らの力で独自の方法で自らを防衛することが絶対に必要なのだ。……我々の戦略が他国の戦略と結びつくべきことは言うまでもない。なぜなら戦争が起きる場合、私たちは連合軍と手を取り合って戦う可能性が高いからだ。しかし各国は、それぞれ自分の役割を果たさなければならない。……その結果として、我々はこれから数年後に私たち自身の利益に沿って行動できる軍隊、つまりどの時点でもどの地点からも出撃する準備ができている攻撃力を保持しなければならない。この攻撃力の核心は核兵器だ。[1]

韓国の最高指導者にドゴール大統領のような確固たる自衛の意志がなければ、米国が核保有に反対する姿を見せただけでも、慌てて米国との妥協に汲々《きゅうきゅう》とするだろう。そして米大統領が韓国の防衛のために若干の誠意を見せただけでも韓国大統領は感激し、米国の約束に「絶対的信頼」を表明し、韓国の安全保障を米国に全面的に託す方向に進む可能性が高い。

尹錫悦大統領は２０２３年１月11日、外交部・国防部の業務報告を受けて北朝鮮の核脅威に対する対応を説明し、「問題がさらに深刻になり、大韓民国に戦術核を配置するとか、独自の核を保有する可能性もある」とし、「もしそうなれば、我々の科学技術でより早いうちに我々も（核兵器を）持つことができるだろう」と言及した。

しかし尹大統領は２０２３年４月26日、首脳会談後に発表したワシントン宣言を通じて核保有オプションを明らかに放棄し、バイデン大統領は韓国の安全保障不安を解消するため核協議に一層、積極的に乗り出すことを約束した。この宣言で尹大統領は「韓国は米国の拡大抑止公約を完全に信頼し、米国の核抑止に対する韓国の持続的依存の重要性、必要性および利点を認識する」と言及した。そして「国際核不拡散体制の礎である核拡散防止条約（NPT）上の義務に対する韓国の長年の公約および大韓民国政府とアメリカ合衆国政府間の原子力の平和利用に関する協力協定（原子力協定）の遵守を再確認した」と言及した。

韓国が米国の拡大抑止公約を「完全に」信頼しているため核兵器開発を追求せず、韓国の使用済み核燃料再処理とウラン濃縮を制限している米韓原子力協定も遵守するということだ。尹大統領のこの「投降」は主要国家の大統領と会い、フランスの核武装の必要性を堂々と論理的に強調したドゴール大統領の姿とは非常に対照的だ。

北朝鮮の威嚇がますます露骨化しており、近い将来に第7回および第8回核実験も予想される状況で、韓国が国家生存のためにNPT（核拡散防止条約）を脱退できる権利まで自発的に放棄した点は非常に遺憾な部分だ。[2] ワシントン宣言を通じて韓国が過去より米国の相対的に強力な拡大抑止の約束を受けたことは重要な成果だ。しかし、そのためにNPT脱退の権利と原子力協定の改正要求まで放棄したことは、韓国政府の戦略不在をそのまま表したものだ。このような問題点を十分に指摘できない野党も同じ限界を見せている。

韓国が核を保有できない状態で、米韓の拡大抑止をさらに強化することは必須だ。しかし北朝鮮が核を使用する場合、米国が韓国を守ってくれると信じるのは非常に世間知らずな態度である。したがって韓国大統領が独自の核保有オプションを完全に放棄することは望ましくない。持続的かつ段階的に独自の核保有の方向に進んでいくことが必要だ。

1961年5月末~6月初め、ドゴール大統領とケネディ大統領のパリ首脳会談ではフランスの核保有問題について両首脳間で深刻な意見の相違があった。それでもケネディ大統領は6月6日にワシントンに戻り、ラジオ放送で次のように述べた。「私はドゴール将軍が未来を見通すことができる人物であることを知り、彼が貢献した国の歴史を明らかにしてくれる案内者であることが分かりました。私にとって彼以上に信頼できる方はいないでしょう」[3]。もちろんケネディ氏のこのような発言は、ドゴール氏の歓待に対する感謝の表現だっただろうが、一国の最高指導者が熱い愛国心と確固たる意志および説得力のある論理を土台に政策を推進する時、他の国家の指導者たちもこれを尊重せざるを得ないことを示唆するものだ。

2 緻密な核武装戦略を策定し執行する強力なコントロールタワー

韓国が米国をはじめとする国際社会の反対を説得し、制裁を最小化し、順調に核武装の道に進むためには、緻密な論理と戦略を策定し、実行に移すことができるコントロールタワーが必要だ。このため国家安保室に北朝鮮核問題の対応問題を担当する第3次長室を新設し[4]、国家情報院（国情院）―外交部―国防部―統一部と専門家グループで構成された実務グループを運営しなければならない〈第3次長室は2024年1月に実際に創設された〉。この作業部会には米国、北朝鮮、中国、国際政治、国際法、安全保障、平和体制、制裁関連の専門家や原子力工学者などが参加しなければならないだろう。

国家安保室第3次長室が新設されるまでは、第2次長室と国情院で、大統領が核武装決定を下す場合に、これを迅速に実行に移すためのプランBを確立させることが必要だ。国家安保室で検討すべき事項は、おおむね以下の通りである。

◎日本と同じ水準の核潜在力を確保するための米韓原子力協定改正交渉案の取りまとめ、および推進
◎核武装に対する国際社会の世論把握
◎核武装に反対する国家を説得するための緻密な外交戦略の策定と広報展開
◎NPT脱退決定時の米国（行政府と議会）と国際社会説得のプラン
◎核武装に好意的な国内外専門家・政治家らとの緊密なネットワーク構築
◎核武装に好意的な世論を形成するための広報戦略策定
◎核武装に必要な人材と施設把握
◎核実験場建設など

3　超党派の与野党協力と専門家集団の支持

韓国の核武装に対する外部世界の反対や圧力を効果的に克服し、安全保障を強固にし、国際的地位を高めるためには超党派の協力が非常に重要だ。もし韓国の与野党がこの事案をめぐって深刻に分裂していれば、外部の反対勢力はそれを積極的に利用して核武装の試みを頓挫《とんざ》させ、社会を大きな混乱に陥れようとするだろう。したがって政府が核武装を推進するためには、野党を「敵」や「打倒の対象」ではなく「善意の競争」と「協力」の対象と見なさなければならない。文在寅政権に続き、尹錫悦政権も以前の政権との差別化に執着しているが、過去の盧泰《ノテ》愚《ウ》政権と金大中《キムデジュン》政権期の与野党協力経験から教訓を得る必要がある。

また、韓国政府が独自の核武装を順調に推進するためには、外交安全保障分野の専門家とシンクタンクの協力も必要だ。もし外交安全保障分野の専門家やオピニオンリーダーの多くが核武装に強く反対するなら、政府は政策推進に大きな困難を経験せざるを得ない。したがって最高指導者の決断と同じくらい、世論に大きな影響を及ぼすオピニオンリーダーとシンクタンクの活用が非常に重要だ。

文在寅大統領には朝鮮半島の平和に対する強い意志があった。しかし、その構想を実現できず、のちに金正恩氏にも無視される運命に立たされたのは、少数の参謀と専門家だけに依存して交渉案を作ることに失敗したためだ。北朝鮮の核問題の解決に向けて、文在寅政権は北朝鮮と米国および中国、核とミサイル、平和体制、国際社会の制裁問題分野で権威ある専門家たちと激しい討論を通じて、南北朝鮮と米国、中国いずれもが受け入れることができるいくつかの解決策を講じるべきだった。しかし文大統領は、金正恩氏とトランプ氏が会って決断を下せば、北朝鮮の非核化が容易に進展すると考えた。

韓国の核武装が成功を収めるには、これを支える「韓国核安保戦略フォーラム」[5]のような超党派専門家集団が必要だ。同フォーラムは、保守と進歩性向の専門家たちが共同の目標のために協力していている非常に模範的で成功的な事例だ。このような超党派の専門家集団は、問題に対する韓国社会内部の保守・進歩の対立を緩和し、外国政府と専門家を説得する外交でも重要な貢献を行うことができるだろう。そして政府が考えられていなかった新しい代案を発掘し、提案することにもこの集団知性の力が大きな役割を果たすだろう。

4　核武装に好意的な国民世論

ウクライナ戦争以前の2021年12月、シカゴ国際問題評議会（ＣＣＧＡ）が韓国国民1500人を対象に行った世論調査で71％が核武装を支持した。同調査で、独自の核開発と米国の核配備のうちどちらを好むかという質問に「独自開発」が67％で、「米国の核配備」（9％）の回答より圧倒的に多かった。２０２２年に峨山政策研究院が発刊した報告書「韓国人の米韓関係認識」でも、国民の70・２％が核兵器開発を支持した。核武装による国際社会の制裁の可能性に言及して尋ねた際、留保（分からない・無回答）を除外した分析で核武装に賛成した割合は65％で、制裁の可能性に言及せずに尋ねた場合（71・３％）と比べて６・３％しか減少しなかった。

脱北者の学者や言論人によって創設されたシンクタンクである社団法人ＳＡＮＤ研究所が２０２２年６月に発刊した「２０２２国民安全保障意識調査報告書」では、回答者の74・９％が韓国独自の核兵器開発に賛成した。崔鍾賢《チェジョンヒョン》学術院が韓国ギャラップに依頼し、２０２２年11月28日から12月16日まで満18歳以上の成人男女１０００人を対象に１対１の面接調査を実施し、２０２３年１月30日に結果を発表した。これによると、韓国国民の４分の３以上である76・６％が韓国独自の核開発が必要だと判断した。このような不安のため、すべての世論調査で国民

表5-1　各種世論調査における独自核武装の支持率

調査機関	調査期間	独自核武装支持率
米シカゴ国際問題協議会	2021.12.1～4	71%
峨山政策研究院	2022.3.10～12	70.2%
SAND研究所	2022.6.27	74.9%
崔鍾賢学術院、韓国ギャラップ	2022.11.28～12.16	76.6%

資料：各種調査より

の過半数が核武装を支持している。この国民の世論を政府が政策化するのは極めて当然だ。反対意見が支配的な日本とは違い、韓国では最高指導者が核武装を決めれば国民の過半数がこれを積極的に支持するだろう。国民の高い支持率は、韓国政府が独自の核武装を推進し、一時的に制裁と難関に直面してもそれを乗り越える上で大きな力になるだろう。

5　核武装に好意的な国際環境

韓国の核武装を公に支持する国家は1つもないだろうが、北朝鮮の脅威が大きくなるほど、その決定をやむを得ず受け入れる国家は増えるだろう。北朝鮮がＩＣＢＭを試験発射しても国連安保理でいかなる制裁も採択されていない。したがって韓国が国家生存の次元で核武装しても、米国がロシア、中国と団結して制裁を採択することはあり得ない状況だ。その上、米国はウクライナに対する兵器支援と関連して韓国の協力を必要としている。米ロ、米中関係の悪化と北朝鮮の核脅威の増大は国際平和と半島の安定には否定的な要素だ。ところが、このような安全保障危機は、むしろ韓国にとっていい機会として作用する側面がある。

6　核武装に対する米政府の寛容な態度と好意的な米世論

民主党政権には不拡散論者が多いため、米政府の強力な反対に直面する可能性が高い。しかし過去に韓国と日本の核武装に対して寛容な立場を表明したトランプ氏やそれと類似した方向の政治家が大統領選で当選すれば、状況は有利に変わるだろう。

「東亜日報」と国家報勲処が米韓同盟70年を機に韓国ギャラップに依頼して2023年3月17〜22日、韓国人（1037人）と米国人（1000人）の成人男女を対象に両国間の相互認識調査を行った。この結果によると、韓国の核保有に対して米国人41・4％が賛成し、31・5％が反対すると答え、賛成の比率が9・9％も高かった。[6] 韓国の核保有に対して米国人の賛成が反対より10％近く高かったのは非常に励まされる。バイデン政権は韓国の核武装に拒否感を示しているが、米国人の考えは違った。これは北朝鮮の核の脅威が「朝鮮半島の問題」で終わることを望む米国社会の底辺の認識をうかがわせるものだ。[7] したがって韓国政府と専門家たちは米国人に対し、核保有が米国の安全にも大きく寄与する点を持続的に強調する必要がある。

7　核武装に好意的な海外専門家集団と外交

もし韓国政府が核保有を決定すれば、米国や自国政府がこれを受け入れるべきだと主張する海外専門家たちの寄稿文が、2021年末頃から米国の多くの外交安全保障専門誌と主要マスコミに掲載されている。そして2022年からは、核武装に対する海外専門家間の賛否論争も進んでいる。韓国の核保有に対して寛容な立場を持つ海外専門家は少数ではあるが、重要なことはそのような専門家の数が増え続けている点だ。したがって韓国政府は外国の主要朝鮮半島専門家たちとのセミナーや共同研究などを支援することで、外国で韓国の核保有に好意的な専門家たちを増やし続けていかなければならない[8]。

8　現在の核武装推進条件に対する暫定的評価

現在、核保有に対する尹錫悦大統領の意志は非常に弱いものと判断される。このため現政権で独自の核保有まで期待することは現実的に難しそうだ。それでも現政権が米韓原子力協定を改正し、韓国が日本と同じ水準の核潜在力を確保することができるなら、それだけでも大きな成果を上げることになるだろう。

一方、「韓国核安保戦略フォーラム」のような専門家集団が発足し、核武装世論を拡散させ続けている。多くの世論調査で国民の60％、または70％以上が核保有を支持しているという事実が確認されており、次期政府が推進すれば、これは非常に大きな力になるだろう。核武装に関しては当分の間、超党派の協力が難しいだろうが、与野党の政治家が必要性を理解するようになれば、超党派協力の可能性ははるかに大きくなるだろう。

第6章　韓国の核保有力量の評価

1　ファーガソン報告書[9]の評価

２０１５年４月、チャールズ・ファーガソン米科学者連盟（ＦＡＳ）会長は、核不拡散専門家グループに非公開で回覧した「韓国がどのように核兵器を獲得し、配備できるか」というタイトルの報告書で、これまであまり知られていない韓国の核武装能力について非常に詳細に分析した。同報告書は、韓国が核兵器を作るためには、①核分裂物質、②有効な核弾頭デザイン、③信頼できる核弾頭運搬体制が必要だが、比較的容易にこのすべての要素を確保できる状況だと評価した。さらに発展した形態の熱核弾頭は重水素と三重水素の重水素同位元素がなければならないが、韓国はこのような物質も容易に得ることができると説明した。

ファーガソン報告書は、韓国が核分裂物質を得るためには使用済み核燃料の再処理施設のほうがウラン濃縮よりも速くて可能性の高いオプションだと、次のように指摘した。

核分裂物質を得るには、ウラン濃縮施設や使用済み核燃料の再処理施設が必要だ。前者は高濃縮ウランHEUを生産できるが、これは比較的作りやすい砲身型（gun-type）核爆弾の爆発物に使われる。米国の原子爆弾開発計画（マンハッタンプロジェクト）で初めて作られ、広島に落ちた爆弾がまさにこの砲身型核爆弾だ。高濃縮ウランは、より発展した形の爆縮型（implosion-type）核爆弾の爆発物に使われる。ところが、韓国にはウラン濃縮施設がない。韓国の原子力業界が濃縮能力の開発に関心を示したこともあるが、国際市場で安価な濃縮ウランが相対的に残っている状況なので、近いうちに韓国が該当分野に進出するほどの経済的動機は十分ではなさそうだ。その上、米国が韓国の濃縮施設建設を許可するはずもない。秘密施設が存在する可能性を排除できないが、先に言及したように再

図6-1　砲身型起爆装置（左）と爆縮型起爆装置（右）

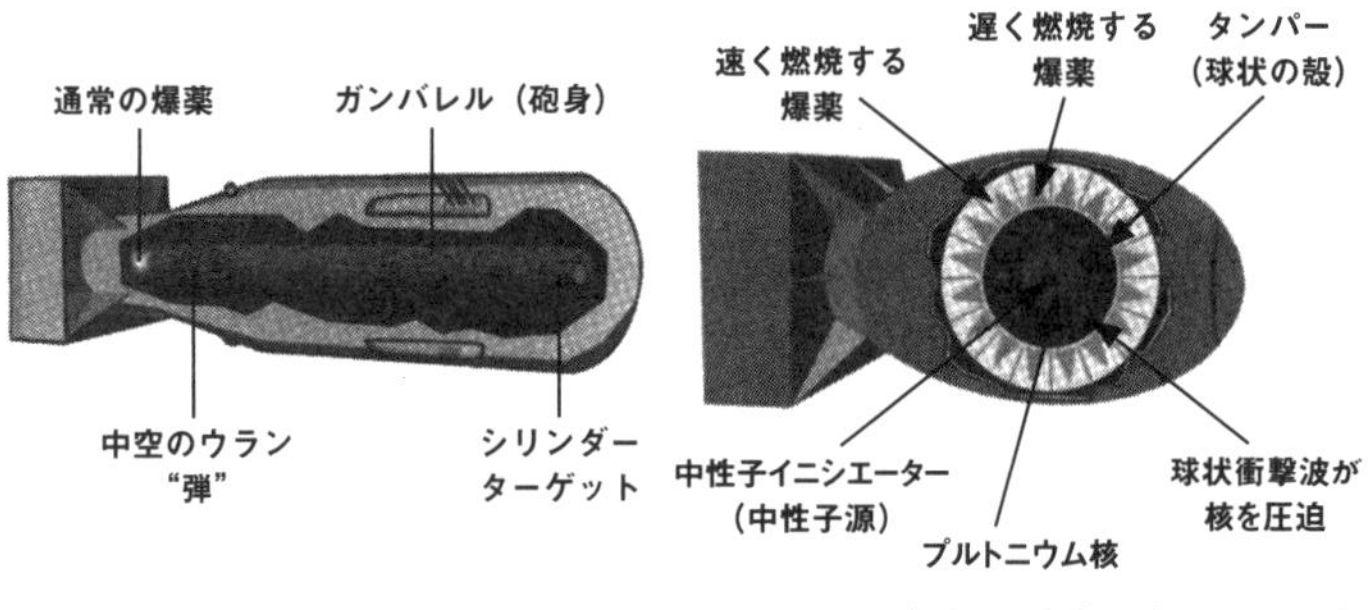

資料：イ・チュングン「北朝鮮の核能力はどこまで来たのか?」(第9回世宗国防フォーラム発題文、2023.4.26.)

処理施設がより速くて、可能性がより高いオプションと見られる。

同報告書はまた、次のようにプルトニウムが韓国にとってより良い選択肢だと説明した。

プルトニウムは高濃縮ウランに比べて一定水準の爆発物を生産するのに必要な物質の量が少なくて効率的なため、韓国の兵器設計者たちは初期の核爆弾生産時にプルトニウムを好む可能性が高い。プルトニウムは、小型化された核爆弾の製作により適した物質でもある。その上、韓国は使用済み核燃料の形ですでに数トンのプルトニウムを持っており、再処理技術も蓄積しつつある状況であるので、プルトニウムを選択する可能性が高い。

ファーガソン報告書は特に、月城《ウォルソン》原発（慶尚北道慶州市）に備蓄されている使用済み核燃料は2万6000kg（2014年末基準）程度の原子炉だが、兵器製造に使用可能なプルトニウムを提供できると評価した。これは約4330発の核爆弾を作ることができる分量だとも指摘した。

インドと韓国の重水炉は、いずれもカナダで設計されたCANDUという重水炉を使用している。だから準兵器級あるいは燃料級プルトニウムの生産が比較的容易である。さらに核物質転用の面で核拡散につながりやすいデザインについても、報告書は次のように詳細に説明した。

ＣＡＮＤＵは天然ウランや低濃縮ウラン、さらには多様な融合可能物質および融合物質の混合物までも燃料として使うことができる。韓国はこの重水炉に天然ウランを燃料として使用している。ＣＡＮＤＵは稼働中に燃料を補給できるようにデザインされている。そのため、発電所は燃料の補給のために稼働を停止する必要はなく、発電所が燃料補給中なのか外観からは分からない。半面、軽水炉は燃料を補給するためには稼働を止めなければならず、この時冷却塔の外で蒸気柱が観察されないので調査官は発電所が燃料補給中であることに気づくことができる。すなわち、もし韓国が核兵器を作ってそのために分裂物質を取り出すことに決めたら、加圧重水で稼働中に使用済み核燃料を取り出す方法を取ることができる。

また、ＣＡＮＤＵは減速材と冷却水の用途で重水を使用する。重水は硬水ほど中性子を多く吸収しないため、天然ウラン燃料の中にあるウラン２３８をプルトニウム２３９に変えられる中性子がさらに多量に存在することになる。天然ウランは99％以上の原子をウラン２３８の形で持っているが、これは中性子が衝突してプルトニウムに転換できる目標物が多数存在することを意味する。プルトニウム２３９の含有量が多い準兵器級プルトニウムの生産を最適化するために、重水炉を稼働する人は1カ月に1回程度、照射が終わった燃料を除去するだろう。

ファーガソン報告書は核専門家であるトーマス・コクランとマシュー・マッキンジー両氏の研究も紹介している。この研究によれば、月城原子力発電所の重水炉4基で毎年プルトニウム239の含量が約10％の準兵器級プルトニウム2500kgを生産できる。これは416発の爆弾を作ることができる量である。もし兵器設計をさらに繊細にすれば、核爆弾を最大830発まで作ることができると予想した。

核武装に反対する一部の専門家は、プルトニウム確保のために必要な使用済み核燃料再処理施設の建設と関連して、日本の六ヶ所再処理工場を例に挙げ、莫大な費用がかかると主張する。しかしファーガソンは、韓国には次の通り多様な選択肢があるという事実を明確に指摘した。

韓国はプルトニウムの生産力向上のために、重水炉で作られる物質だけを処理できる専用の再処理施設を建設したがるだろう。すでに検証された湿式再処理方式を使用する可能性が高い。コクランとマッキンジーが指摘したように、韓国はまず4～6カ月で建てられる「シンプルで速い処理施設」を建てるだろう。重水炉が軽水炉原子炉に比べて燃焼率が低く、再処理すべき使用済み核燃料の量がおよそ10倍以上発生することを考慮すれば、この初期処理施設は1週間当たり約1kg、すなわち年間約50kgのプルトニウムを作り出す可能性が高い。これと同時に、韓国は年間最大８００ｔの照射燃料を再処理できる六ヶ所再処理工場規模の施設を建設することもできる。しかし、このような施設は建設するのに少なくとも6カ月以上の長い期間が必要だ（しかも日本が複雑な六ヶ所再処理工場の運営時に直面した技術的な困難を考えれば、韓国はその前轍《ぜんてつ》を踏みたくはないだろう。半面、日本は日本海に位置する年間約２００ｔを処理できるパイロット規模の再処理施設を建て成功裏に運営した経験があるが、これは韓国の必要とする規模を十分に満たすことができる）。とにかく、このような小さな再処理施設だけでも、韓国は初期の少数の核爆弾を製造するのに必要なプルトニウムを十分に確保することができる。

ファーガソン報告書は、韓国が核爆弾を爆発させる起爆装置に必要なスイッチである「クライトロン」に対する技術的アプローチがすでに可能な状態であり、核弾頭内のプルトニウム周辺を取り囲む高性能爆薬の製造能力も世界的水準だと明らかにした。そして「韓国政府は非核実験を何度も行うことに満足するのか、でなければ核開発を公言して核実験を進めるのかを決めなければならない」として次のように指摘した。

今後、韓国政府は一度以上の核実験を敢行する決定を下さなければならないだろう。核分裂兵器やブースト型核分裂兵器の開発には核実験が必要でない可能性もある。臨界前核実験を数回成功裏に終えた後、自信を得たならなおさらだ。その上、包括的核実験禁止条約機関（CTBTO）が運用する大規模探知網から核実験時に発生する弾性波信号を隠すことは不可能に近い。実験からの弾性波信号を隠すことはできないだろう。この段階になれば、韓国政府は臨界前核実験を何度も行うことに満足するのか、それとも核開発を公言して核実験を進めるのかを決めなければならないだろう。

報告書の中で、韓国が弾道・巡航ミサイルである「玄武」シリーズ、[10]空軍主力戦闘機であるF-15やF-16などの核爆弾を運搬できる最先端兵器システムも十分確保していると強調した。そして韓国が特に相互抑止力確保を目標に、核潜水艦や長距離弾道・巡航ミサイル開発を通じて「セカンドストライク」（核攻撃を受ければ直ちに核で報復すること）能力を強化するだろうと展望した。

2　韓国専門家と政府の評価

韓国の専門家のうち核保有の必要性を以前から強調し、具体的な代案を提示してきた代表的な原子力工学者がソウル大学原子核工学科の徐《ソ》鈞烈《ギュンリョル》名誉教授だ。同氏は李明博《イミョンバク》政権時代の2011年に、韓国はプルトニウム5kgで長崎型原子爆弾の威力の5倍にあたる100ktの核弾頭を製造する能力があり、1兆ウォン（約1200億円）で3カ月の間に核弾頭工場を建設でき、3カ月で再処理が可能なので、計6カ月で核兵器を開発できると主張した。量産費は1基当たり100億ウォン（11・6億円）、2年で100ktの核弾頭100発を生産できると指摘した。[11]

徐教授のこのような主張は、学界で多くの批判の対象になった。韓国にはまだ使用済み核燃料の再処理施設がなく、ファーガソン氏が指摘したように「シンプルで速い処理施設」を建設するのにも約4〜6カ月程度が必要なためだ。そして核兵器開発に必要な核工学者と技術者を選定してチームを作り、施設を建設するのにも一定の時間がかかる。このため、3カ月や6カ月以内に核兵器を開発することは現実的に不可能だ。国内にウラン濃縮に必要な採鉱や濃縮関連施設がなく、これと関連した技術開発も進んでいない。

核物質（高濃縮ウラン、プルトニウム）の確保が核兵器開発の中核であるため、核物質確保の期間によって独自核武装のスタート時点が決定される。もし韓国も米韓原子力協定を改正し、使用済み核燃料の再処理とウラン濃縮分野で日米原子力協定水準の権限を確保し、プルトニウムを備蓄しておけば有事の際、日本のように3～6カ月以内に核兵器を保有できるようになるだろう。

徐鈞烈教授はその後、「韓国は大統領が決断さえ下せば、長くても18カ月以内に核兵器を開発でき、その後数千発まで量産できる核物質と技術を十分に持っている」と指摘した。「我々がその気になれば1年6カ月以内に核武装を終わらせることができる。米国は、科学技術が劣っていた時代に核開発を始め、核よりも破壊力のある水素爆弾を7年で開発した。我々はその時より科学の水準がはるかに進んでいる。核開発と関連したすべての技術をすでに持っている。プルトニウムを抽出するだけだ。技術も人材も豊富だ。決定さえ下されれば、一気呵成《いっきかせい》に進める能力を備えている」と徐教授は語った[12]。

徐教授の評価は、NPT脱退のような政治的過程と核開発過程での試行錯誤などを十分に考慮しておらず、楽観的すぎるシナリオを提示している。しかし徐教授の評価にまったく根拠がないというわけではない。韓国の核開発問題を深く検討した多数の原子力工学者たちも、技術的要素だけを考慮すれば、初歩的な核兵器開発に国家が全面的に支援する場合、およそ1年前後の期間が必要になると見ているためだ。

尹錫悦大統領は2023年4月28日、ハーバード大学ケネディスクールでの演説と対談で

「大韓民国は核武装をすると決心すれば早いうちに、さらには1年以内にも核武装ができる技術基盤を持っている」と明らかにした。盧武鉉政権の時期にも韓国が核開発に必要な時間を検討した結果、似たような結論に達したことが知られている。

第7章　核均衡と核削減のための4段階アプローチ

韓国が核武装を完了すれば、北朝鮮の核兵器保有量を10～20発程度に減らして事実上「準非核化」を達成することを現実目標に設定し、核削減交渉を進める必要がある。最初から「完全な非核化」を目標にするなら北朝鮮が交渉のテーブルに着くことさえ拒否するだろうが、体制生存に必要と判断される最小限の核兵器保有はひとまず認め、残りを段階的に廃棄する代わりに、それに相応する確実な補償を提供するなら、交渉の可能性は現在より大きくなるだろう。

もちろん、北朝鮮が核削減交渉を受け入れるかどうかは不確実で、たとえ交渉が始まっても検証過程で多くの難関があるものと予想される。しかし核の段階的・漸進的《ぜんしんてき》削減の際、相応する制裁緩和と米韓合同演習の縮小、米朝関係改善などが並行すれば、このようなプランに関心を示す可能性がある。たとえ北朝鮮が拒否しても、韓国政府が核削減交渉を追求する立場を明らかにすれば、それだけでも国際社会の受け入れ・容認の可能性を高めるのに寄与するだろう。

米韓が「準非核化」を優先的な交渉目標に設定し、「完全な非核化」を「準非核化」達成後に議論する長期的目標に設定すれば、交渉で今よりはるかに大きな柔軟性を発揮できるだろう。そして「準非核化」およびその後の「完全な非核化」が実現するまで核の均衡が維持されれば、韓国国民は北朝鮮の核に対する恐怖から完全に脱することができ、北朝鮮も米国を核兵器で威嚇できなくなるだろう。

ここで提案する韓国の核武装および北朝鮮との核削減交渉案は、「核武装のためのコントロールタワーを構築し、核潜在力を確保する第1段階」、「国家非常事態時にNPTを脱退する第2段階」、「対米説得および米国の黙認の下で核武装を推進する第3段階」、「南北核均衡実現後、北朝鮮との核削減交渉に乗り出す第4段階」に分けら

表7-1　南北核均衡と核削減ロードマップ

段階	実現課題
第1段階	核武装のためのコントロールタワー構築および核潜在力の確保 - 大統領府国家安保室に北朝鮮核対応問題を扱う第3次長室を新設（またはその前段階で国家安保室第2次長室の役割拡大） - 大統領が独自の核武装決定を下した時、これを迅速に実行に移すためのプランB策定 - 日本と同水準の核潜在力を確保するために米韓原子力協定を改正 - 極秘裏に核実験場所を模索、および核実験場を5～6カ所ほど建設
第2段階	国家非常事態時にNPT脱退
第3段階	対米説得と米国の黙認下での核武装推進 - 外部の安全保障環境が急激に悪化するか、韓国の独自核武装に寛容な立場を持つ米政権が発足する時に核開発推進 - 核武装についてNCND政策〈核兵器の存否について肯定も否定もしない政策〉を取るか「条件付き核武装」の立場を表明
第4段階	南北の核均衡実現後に北朝鮮と核削減交渉 - 北朝鮮の核兵器が削減されるのに応じて対北朝鮮制裁緩和、米韓合同演習の縮小調整、米朝と日朝関係改善、金剛山観光再開、開城工業団地の再稼働、中韓朝鉄道・道路連結、平和協定締結、米朝と日朝関係正常化など推進

資料：筆者作成

れる（表7-1参照）。

1　核武装のためのコントロールタワー構築および核潜在力の確保

韓国政府が核武装の方向に進むためには、何よりもプロジェクトを具体化し、実行に移すことができる指揮部がなければならない。したがって大統領府の国家安保室に北朝鮮核問題の対応問題を扱う第3次長室の新設〈前述の通り2024年設置〉が必要だ。

国家安保室の第3次長室で遂行しなければならない課題は次の通りである。

◎日本と同じ水準の核潜在力を確保するための米韓原子力協定改正交渉案の策定および推進（専門家たちと世論を相手に原子力協定改正の世論醸成）

◎大統領が核武装決定を下した時、これを迅速に実行に移すためのプランB策定（核武装ロードマップの具体化、核開発に必要な予算確保、組織新設など）

◎核実験場所の模索、大規模な地下弾薬貯蔵施設建設などの名目で前線地域の山に地下核実験場5～6カ所程度を極秘に建設

◎核武装に必要な核工学者と技術者など人材や施設などの検討および確保プラン策定

◎核武装に対する国内外の世論変化の推移分析

◎核武装に反対する国家を説得するための緻密な外交戦略の策定と広報展開（米国、欧

州、日本、中国、ロシアなど説得案の具体化。対米議会外交の活性化プランの策定など）
◎核武装に友好的な国内外の専門家・政治家との緊密なネットワーク構築および彼らに対する支援プラン策定
◎核武装に好意的な世論を形成するための広報戦略の策定および外交支援
◎NPT脱退決定時の米国（行政府と議会）と国際社会説得の論理とプラン具体化
◎核武装推進時の野党説得および超党派の協力プラン策定
◎核武装推進時の対北朝鮮メッセージ管理プランの策定

核武装に反対する専門家の相当数も、韓国が日本と同じ水準の核潜在力を確保しなければならないという主張にはおおむね同意する。[13] つまり核潜在力の確保に関しては韓国社会の内部に広範囲な共感が形成されており、これはNPT脱退なしでも推進できる。したがって過去に文在寅政権が米国を説得し、ミサイル指針の改正および廃棄を引き出したように、尹錫悦政権やその後継政権も米国を説得し、できるだけ近い将来に米韓原子力協定の改正を成功させなければならない。

韓国は2010年10月から2015年4月まで米国と原子力協定改正交渉を進めたが、米国は使用済み核燃料の再処理と濃縮関連の議題に対して非常に非協力的な立場を示した。特に米国務省の「不拡散の皇帝」（nonproliferation czar）として知られたロバート・アインホーン不拡散担当次官補（当時）は「いくら平和的目的であっても、ウラン濃縮や再処理は韓国に絶対許容できない」という立場を固守したことで、彼が米国側交渉代表を務めている間には何の進展もなかった。[14] そうして2013年5月末に米側交渉代表がトーマス・カントリーマン氏に代わり交渉は妥結したが、韓国側が実質的に確保した成果は微々たるものだった。

2015年の改正米韓原子力協定と1988年の改正日米原子力協定[15]を核潜在力の観点で比較すると現在、日本が確保した権限のほうが韓国よりはるかに大きい。したがって我々は、韓国が核武装すれば日本も核武装すると憂慮するより先に、日本が核武装した時に韓国が日本についていけず、北東アジアで韓国だけが一人ぼっちで非核国家として取り残されるという最悪のシナリオをまず回避しなければならない。そのためには、まず日本と同じ水準の核潜在力から確保することが急がれる。

まずウラン濃縮と関連して、米韓原子力協定と日米原子力協定が許容する水準は大きく異なる。2015年の改正で、米国はウランの20％未満の低濃縮を「原則的」に認めた。だが「高官級委員会の協議を経て書面合意する」という但し書き条項があり、20％未満の低濃縮も現実的に容易ではない。20％以上のウラン高濃縮は、原子力協定に含まれていない。日本が1988年、日米原子力協定を通じてウランの20％未満の濃縮を全面的に許可され、「両当事国政府が合意する場合」には20%以上の高濃縮も可能にしたこととは次元を異にする。[16]

　使用済み核燃料の再処理に関しても、日本は自由な国内外での再処理が可能だ。しかし、韓国はパイロプロセシング（乾式再処理）の前半工程に限ってのみ包括同意を与えられただけだ。現在、国内で軽水炉原発稼働後に排出された使用済み核燃料は、すべて「水冷却」方式の湿式貯蔵所に保管中だ。問題は、この保存空間が10年以内に飽和状態に達する点だ。[17]ソウル大学原子力政策センターの資料によると、使用済み核燃料を再処理すると体積は20分の１、発熱量は１００分の１、放射性毒性は１０００分の１に減るという。この過程で得た低純度プルトニウムは、原子力発電の燃料として再び使用できる。

　しかしプルトニウムが核兵器開発に転用される恐れがあるとの懸念から、米国は韓国の再処理許容要求を拒否してきた。２０１５年に改正された協定でも再処理は認められず、核兵器への転用が不可能なリサイクル技術（パイロプロセシング）の研究だけが一部許可された。当時、協定を通じて海外委託再処理を許可されたものの、使用済み核燃料を英国やフランスまで積んで行き、プルトニウムを除いた残りの高レベル放射性廃棄物を再び韓国に搬入して保管しなければならないため、莫大な費用がかかる。

　一方、日本は１９８８年から米国の再処理禁止方針の例外を認められ、非核保有国の中で唯一プルトニウムを蓄積している。日本は１９６８年に締結した日米原子力協定を通じて、国内の施設で使用済み核燃料を再処理する権利を得た。そして1988年の改正協定では日本国内に再処理施設、プルトニウム転換施設、プルトニウム核燃料製造工場などを置き、そこにプルトニウムを保管できる「包括的事前同意」を得た。日本は英国、フランスなどで委託再処理した後に出たプルトニウムを再搬入して現在47t以上のプルトニウムを保有しており、2021年からは毎年8tのプルトニウムを独自生産することができる。

ウランおよびプルトニウムに関して、日本は自由な形状や内容の変更が可能だが、韓国は低濃縮ウランの形状と内容の変更に対してのみ、米国の事前同意を得て行うことができる。高濃縮ウランの貯

表7-2　米韓と日米間の原子力協定比較

項目	米韓協定	日米協定
原子力の平和利用（核爆発、軍事利用の禁止）	○	○
核燃料サイクル確立の有無	−	○
長期的包括同意制度の導入	○	○
再処理	―パイロプロセシングの前半工程に関する包括同意 ―海外委託再処理許容（英国、フランス）	○ （包括同意付与）
核物質、派生物質等の第三国移転	○ （包括同意付与）	○ （包括同意付与）
20%以上のウラン濃縮	20%未満のウラン低濃縮ができる経路の確保	○ （事前同意必要）
プルトニウム、ウラン等の形状および内容の変更	低濃縮ウランの形状、内容変更可能（事前同意必要）	○ （包括同意付与）
プルトニウム、高濃縮ウラン貯蔵	―	○ （包括同意付与）
プルトニウム運送	―	○ （包括同意付与）

資料：全鎮浩、「米韓原子力協定と日米原子力協定の比較と示唆点：日米協定と米韓協定改正の方向と関連して」世宗研究所特別情勢討論会発表文（2023.5.19）

蔵についても日本は包括同意を得たのに、韓国は核活動そのものを認められなかった。[18]

韓国と日本の核潜在力をさらに具体的に比較すると、日本のほうが韓国より確実に優位にある。核兵器の原料となるプルトニウム保有量、再処理およびウラン濃縮技術、ミサイル技術などを総合してみると、日本は独自の核開発がある程度可能な技術的水準に到達しているが、韓国は日本より核潜在力がはるかに低い水準だ。[19]

現在の北朝鮮の核の脅威は、２０１０年代上半期に米韓が原子力協定改正交渉を進めていた時と比べてかなりの差がある。北朝鮮が米本土を攻撃するＩＣＢＭ能力をほぼ確保した状態であるため、拡大抑止に対する信頼度はますます弱まっている。したがって韓国政府が核保有しない前提で米国と原子力協定改正交渉を迅速に再開し、近い将来に使用済み核燃料の再処理とウラン濃縮分野で「日米原子力協定の水準への原子力協定改正」を引き出す必要がある。国内電力供給で原子力が占める割合が約30％程度の韓国が、国内原発に必要な５％低濃縮ウランを全量海外から輸入していることは、エネルギー安全保障の次元で深刻な脆弱性《ぜいじゃくせい》があることを示している。[20]

日韓両国が米国と締結したほとんどの原子力協定は、大半が平和利用を前提としている。よって両国が核を開発すればこれらはほとんど終了し、原子力産業が打撃を受ける恐れがある。したがって韓国または日本が核開発を推進しながら商業用発電を続けるためには、新しい原子

表7-3　韓国と日本の核潜在力比較

項目	日本	韓国
原子力技術等の技術力	技術的次元で核開発可能 ：プルトニウムおよび再処理技術／施設保有、ウラン高濃縮可能、核物質の形状／加工技術保有、衛星発射能力	核開発のための一部技術保有 ：再処理（パイロプロセシング）の一部技術保有、ウラン低濃縮技術、衛星発射能力
米国との原子力協定	—協定前文で原子力の平和利用規定、核開発時協定終了。核物質、設備等返還。 —核燃料サイクル確立（プルトニウム生産可能） —核開発時、新たな協定締結必要	—左に同じ —核燃料サイクル未確立（プルトニウム保有不可）
核不拡散体制関連	—IAEAと補償措置協定締結。核開発時IAEA制裁 —核開発時NPT脱退 —米国以外の国家との原子力協定も終了	—左に同じ
ウラン需給[21]	—天然ウランを輸入する国家との協定終了 —濃縮ウラン確保困難 ：米国が約50%供給するが国内濃縮も可能	—左に同じ —左に同じ —濃縮ウラン確保不可能 ：濃縮技術および施設未保有
米国の政策	再処理とウラン濃縮は許容しているが監視	再処理はパイロプロセシングの前半工程のみ許容。ウラン低濃縮ができる経路確保
反核情緒	—唯一の被爆国である日本の反核感情は比較的高い。特別な安全保障状況がない限り核開発は容易でない。 —福島原発事故以降、脱原発依存の性向	—核開発容認世論が高い —親原発性向
余剰プルトニウム[22]	国内外再処理で相当なプルトニウム保有。MOX燃料[23]として再活用	燃料用のごく少量のプルトニウムだけ存在し、プルトニウム生産技術はなし
兵器級プルトニウム保有[24]	未保有	左に同じ

資料：全鎮浩「米韓原子力協定と日米原子力協定の比較と示唆点」

力協定の締結が必要だ。[25]

政権与党「国民の力」の北朝鮮核危機対応特別委員会が２０２２年11月17日、鄭鎮碩《チョンジンソク》非常対策委員長に伝えた中間報告書は、米国との首脳会談・米韓安全保障協議会（ＳＣＭ）などを通じて合意した拡大抑止強化と関連して、「強力な意志表明以外の履行を保障する実際的措置がまだ不十分なのが事実」と評価した。そして「核武装の潜在力を確保するための秘密プロジェクトを企画しなければならない」とし「現水準を評価し、最適な核武装経路を検討するなど、両国間の協定や核拡散防止条約（ＮＰＴ）に違反しない潜在力増大案をまず推進しなければならない」と指摘した。[26]

２　国家非常事態時の核拡散防止条約脱退

韓国の安全保障状況が深刻に悪化すれば、政府は国家生存のために核拡散防止条約（ＮＰＴ）脱退問題を真剣に考慮する必要がある。もし韓国がＮＰＴから脱退すれば、これは核武装の方向に進む可能性を示唆するものであるため、核物質保有で韓国より劣勢に置かれている北朝鮮としては当惑せざるを得ないだろう。中国も、韓国の核武装が日本や台湾の核武装につながる可能性を憂慮するだろう。したがって韓国がＮＰＴを脱退して核武装する余地を持たせておくことは、韓国の対外交渉力の増大をもたらすものと予想される。

韓国社会の一部では、NPTから脱退すれば国際社会の深刻な制裁に直面すると主張しているが、これは事実と異なる。NPT第10条第1項は、「各当事国は、当事国の主権行使に関し、本条約上の問題に関連する非常事態が自国の至高の利益を危うくしていると判断、決定する場合には、本条約から脱退できる権利を有する。各当事国は同脱退通告を3カ月前にすべての条約当事国と国連安保理事会に行う」と規定している。したがって脱退が発効する3カ月後に、米国との協議結果をもとに核武装を推進するかどうかを決めればいいだろう。過去に北朝鮮も脱退したが、それで国連安保理の制裁を受けることはなかった。

北朝鮮のNPT脱退後の不法な核保有と露骨な核威嚇は、韓国のNPT脱退の基準を満たしている。北朝鮮は1985年にNPTに加盟したが、国際原子力機関（IAEA）が臨時核査察後に追加で特別査察を要求したことに反発し、1993年に脱退の意思を明らかにしたが撤回し、米国との交渉で制裁の緩和、軽水炉提供を約束された。しかし2002年末、核開発疑惑が再び浮上し、国際社会の懸案となると北朝鮮は2003年1月、結局NPT脱退を宣言した。

その後、北朝鮮は2006年から2017年まで6回の核実験を敢行し、2017年には米本土を狙った大陸間弾道ミサイルの開発で重要な進展を成し遂げた。2022年には北朝鮮が戦術核兵器の実戦配備の意志を示し、非核国家である韓国に核先制使用まで正当化する核武力政策法令を採択し、韓国の主要軍事施設、空港、港湾などを対象に戦術核タミー演習まで行った。このような事実は明らかに韓国の「利益」を危うくする「非常事態」に該当する。[27]

韓国がNPT「脱退」の代わりに「履行停止」というカードを利用すれば、国際社会の直接的な制裁を避けることができるという指摘もある。ソウル市立大学法学専門大学院の李昌偉《イチャンウイ》教授は、条約法に関するウィーン条約を見れば条約違反以外にも「後発的履行不能」や「事情の根本的変更」も履行停止の理由として援用され得るという。大国は特に軍縮条約の破棄を主張する際、条約の履行停止をしばしば援用する。このため李昌偉教授は不平等条約である核拡散防止条約の当事国が必要によって条約から脱退したり、その履行を停止させたりすることができると評価する。[28]

核武装に進むためにNPT脱退が必要な理由は、同条約が核兵器の非保有国は原子力を核兵器開発用に転用してはならず、そのために国際原子力機関の査察を義務的に受けるよう規定しているためだ。したがって韓国が脱退しない状態で秘密裏に核兵器を開発することは不可能だ。NPT脱退または履行停止を宣言した後は、不拡散体制を維持しようとする国々との関係が一時的にでも悪化しないよう、大々的な外交キャンペーンが必要だ。たとえ韓国の決定が合法的だとしても、既存の不拡散体制を維持しようとする国家は深刻な憂慮を表明し、NPTに再加入するよう圧力を加える可能性がある。したがって韓国政府は、北朝鮮がNPTに復帰したり、核の脅威が解消されたりすれば、再び再加入するという点を公にする必要がある。そして韓国は、依然として米国と緊密な同盟関係を維持することを望むという立場を政府と議会レベルで強く宣言しなければならない。米国が「やむを得ず」受け入れる姿でも見せれば、韓国が今後直面する危険な時期を切り抜ける上で役立つだろう[29]。

3　対米説得および米国の黙認下での核武装推進

NPT脱退宣言後、韓国政府は米国との緊密な協議と黙認による核開発を推進しなければならない。ただ米政府が韓国の核開発に強く反対するなら、それより寛容な立場を持つ政府が発足するまで核武装を延期することが望ましいだろう。もし韓国と日本の核武装に対して「寛容な」立場を持つトランプ前大統領が再選されるか、それに似た孤立主義路線を目指す大統領が次期またはその次の大統領選で当選すれば、韓国はその時に緊密な協議を通じて相対的に順調な核武装の方向に進むことができるだろう。

核武装の方法としては、イスラエルのように密かに推進し、公式的には肯定も否定もしないNCND（肯定も否定もしない、Neither Confirm Nor Deny）政策を取りながら非公式な方式を通じて核武装の事実を対内外に認識させる方法と、核武装完了後「北朝鮮が核を放棄すれば韓国も核を放棄する」という「条件付き」の立場を明らかにする方法があり得る。第一の方法は、韓国の核武装に対する米国と国際社会の一部の反対を緩和させることができる長所がある。しかし、このような方法を採択する場合、北朝鮮との核削減交渉が難しくなる恐れがある。したがって米国の黙認の下、密かに核武装を推進し完了した後、「北朝鮮が核を放棄すれば韓国も核を放棄する」という条件付きの立場の下、北朝鮮と核削減を試みるのが望ましい。[30] 核実験を進めることで全世界が韓国の核保有事実を認知するようになる時点で「条件付き核武装」宣言をすることができるだろう。韓国政府が本格的に推進するなら、核武装の完了時点やそれ以前に戦時作戦統制権の返還も実現できるよう、米国と協議を進めることが必要だ。

一部の専門家は、韓国が核武装のために「たとえ兵器級の核燃料を確保し、核弾頭を製造するとしても、人口が過密な韓国の地で核実験の場所を探すのは難しい」と主張する。しかし韓国人の半数以上が首都圏に居住しており、それ以外の地域では「地方消滅」現象まで発生しているため、この場所を求めることは不可能ではない。北朝鮮が吉州《キルチュ》郡豊渓里《プンゲリ》の万塔山《マンタプ》に作ったように、韓国も前線地域の山に核実験用の坑道を作って、低威力で核実験を進めることができるだろう。そして核実験によって小規模な人工地震が発生すれば、地下爆弾貯蔵施設で爆発事故が発生したと発表することで事実を隠蔽《いんぺい》することができるだろう。

もちろん一部の国や専門家、マスコミなどが疑問を提起する可能性はあるが、彼らが現場を訪問しない限り、核実験の有無を正確に把握することは難しいだろう。この関連では、北朝鮮の2006年10月の第1回核実験後の外部世界の評価を考慮する必要がある。当時、ある米国の情報当局者は「爆発規模がTNT1kt未満なので、核実験による爆発なのか断定できない」とAFP通信に話している。この当局者は過去に実施された核実験は爆発規模がTNT数ktに達したと指摘し、北朝鮮が嘘《うそ》をついた可能性も排除できないことを示唆した。ロイター通信も別の米国防総省高官の話として「マグニチュード4未満の振動結果から見て、核実験よりはTNT数百tの爆発で起こり得る種類のもの」と伝えた。フランスのミシェル・アリヨ＝マリー国防相も、自国の原子力委員会から北朝鮮の爆発が0・5ktに当たるという通報を受け「これが核によって行われたのかどうかは明らかでない」と指摘した[31]。だから韓国政府が低威力で核実験を行い、地震が発生したとしても、それが核実験によるものなのかTNT爆発によるものなのか、外国政府や専門家が区分することは容易ではないだろう。

そして低威力で核実験を行うなら、それによって発生する地震の被害も管理可能な水準になるだろう。2023年5月15日午前、日本海の北東59㎞海域でこの年に入って国内最大規模マグニチュード4・5の地震が観測されたが、これは2009年5月25日に北朝鮮が豊渓里西側の坑道で行った第2回核実験当時に観測された人工地震と同規模だった。当時の北朝鮮の核実験の威力は3～4kt水準だった。国内では5月の地震による大きな被害が発生しなかった点に照らしてみると、低威力だけで核実験をすれば国民に大きな被害を与えることはないと予想される。もちろん政府が核実験を行う場合には、事前に地震対策を徹底的に策定し、人工地震で住民の被害が発生した場合は迅速に補償することで国民の不便を最小限に抑えなければならない。

4 核均衡実現後の北朝鮮との核削減交渉

通常兵器で絶対的劣勢にある北朝鮮が「完全な非核化」を受け入れる可能性は低い。したがって南北朝鮮が核削減交渉を通じて核兵器保有量をともに「10~20発以下」にまで減らす「準非核化」を現実的な目標に設定する。そして米国との緊密な協議の下、北朝鮮の核削減に相応して国際社会の制裁を段階的に緩和する案を推進することが必要だ。もし核兵器保有量が「10~20発以下」に減るならば、北朝鮮が外部から攻撃を受けた時、防御用に核兵器を使うことはできても先制攻撃用に使うことは難しいだろう。

北朝鮮の核兵器保有量が増えれば、核兵器を保有したい中東諸国に輸出しようとする誘惑を感じるかもしれない。しかしその核兵器保有量が「10~20発以下」に減ると、それだけ核拡散の可能性も減るだろう。そして核兵器保有量がこれほど減少すれば北朝鮮の核脅威も減り、核使用のハードルも著しく高くなるだろう。現在、北朝鮮は約80~90発の核弾頭を保有していると推定されているが[32]、もし核削減交渉を通じて核兵器保有量を「10~20発以下」に減らすことができれば、朝鮮半島と北東アジア、そして米国本土はその分だけ安全になるだろう。

この交渉で北朝鮮が核実験とICBM発射実験に対するモラトリアムを宣言し、核兵器が中国に搬出され廃棄されれば、その水準に応じて国際社会は次のような措置を考慮することができるだろう。

1）北朝鮮が核実験とICBM発射実験に対するモラトリアムを宣言し、保有核兵器の5分の1程度の廃棄を受け入れ、そのような合意が順調に進めば米韓は合同演習、特に空中合同演習を縮小調整し、米国と日本は北朝鮮と連絡事務所を設置し、国連安保理は北朝鮮の鉱物輸出に対する制裁を解除し、南北朝鮮は金剛山観光を再開し開城工業団地を再稼働。
北朝鮮を再び交渉のテーブルに呼び込むためには、北朝鮮が強く要求する米韓合同演習の中断問題について、非核化の進展に伴う段階的縮小調整を考慮することが必要。

2）北朝鮮が5分の2程度まで廃棄することで合意して順調に進めば、米韓は合同演習を追加で縮小調整し、米国と日本は北朝鮮と互いに代表部を設置して国連安保理は北朝鮮に対する精製油輸出制限制裁を解除し、中韓朝は3国鉄道・道路連結を推進。

3）北朝鮮が核兵器を5分の3程度まで廃棄することで合意して順調に進めば、米中朝韓が平和協定を締結し、国連安保理は北朝鮮の水産物輸出などに対する制裁を解除し、韓国は北朝鮮の特区に投資。

4）北朝鮮が核兵器を5分の4程度まで廃棄することで合意して順調に進めば、米国と日本は北朝鮮と関係を正常化し、国連安保理は対北朝鮮制裁の5分の4程度を解除。

米国の世論調査機関「ハリス・ポール」が2023年2月3日に発表した世論調査によれば、米国民の大多数が米朝間の緊張緩和のための対話を支持していることが分かった。これによると米国民の68％は「米国大統領が北朝鮮指導者に直接会談を提案しなければならない」と答えた。また米国民の58％は、米国が北朝鮮の非核化措置の見返りに、外交的または経済的なインセンティブ、すなわち誘引策を提供しなければならないとした。あわせて「米国が北朝鮮と平和協定を締結しなければならない」とした米国民も過半数を越える52％で、2021年に行った同じ調査より11ポイント上昇した。[33] 米国民のこのような世論を考慮して北朝鮮の核削減の第3段階で米中朝韓の平和協定を締結するとすれば、交渉進展に役立つだろう。

「完全な非核化」の代わりに「準非核化」を目標に交渉することに対して、それが北朝鮮の核保有を認めることになり得るという批判がある。しかし理想的な目標だけを固守しては交渉テーブルに着かせることもできない。引き続き核弾頭の「幾何級数的」増加を見守るよりは、「完全な非核化」を長期的目標に設定し、ひとまず「核軍縮」を優先的な目標に設定したい。

これで部分的な核削減でも実現できるなら、それがより現実的な選択だろう。実のところ核兵器の部分削減も「準非核化」という目標も、現実的には達成しにくい課題だ。しかし北朝鮮の核兵器の増加を防ぎ、国際社会で韓国の「条件付き核武装」の立場を正当化し、緊張緩和を導き出すために政府は核削減交渉の意志を示し続ける必要がある。

交渉を通じて核兵器が減り、国連安保理の制裁も緩和されれば、韓国政府は段階的に南北交流を復元し拡大する方向に進むことができるだろう。したがって進歩陣営と政界も核武装に対して偏見と先入観で無条件に反対するのではなく、核削減と南北関係正常化の方向に進む案を前向きに考慮すべきだ。

第8章　核武装についての国際社会の説得プラン

1　核武装に対する米国世論の変化と対米説得プラン

韓国の反対論者たちは、米国が核武装を「絶対に」容認しないと主張し、この主張が「非現実的」「超現実的」だと批判する。しかし米国内での議論を綿密に分析してみると、2013年の北朝鮮の3回目の核実験後、学界から核武装に対する寛容な立場が現われ始めた。2016年の北朝鮮の4回目の核実験後からは米国の主要大統領候補や大統領、そして高官から韓国の核武装を容認できるという声が出た。金正恩氏が朝鮮労働党第8回大会で核武力の急速な高度化目標を提示した2021年からは、米国学界で韓国が核武装を推進する場合、米国がそれを容認しなければならないという声も本格的に出ている[34]。

だから米国が韓国の核武装を「絶対に」容認しないという主張は、もはや妥当ではない。ただ、現政権と外交安保専門家の多数が依然として否定的な態度を示しているため、韓国政府が

（まだその意志もないが）直ちに核武装を推進しようとするならば、説得することは容易ではない課題になるだろう。

しかし北朝鮮の核とミサイルの能力がさらに高度化すれば、韓国の核保有に対する米国の世論もさらに好意的に変わる可能性がある。したがって韓国政府がまず日本と同じ水準の核潜在力から確保し、息長く核武装を推進することが望ましい。このため２０１３年以降、韓国の核武装に対する米国の主要専門家や政治家、そして世論がどのように変わってきたのかを綿密に分析して、正確に把握する必要がある。

1-1　北朝鮮の3回目核実験（２０１３）以後の変化

米国で核武装オプションを考慮しなければならないという主張が出始めたのは、金正恩政権発足後の２０１３年2月12日、北朝鮮の3回目の核実験直後からだった。国際政治理論の大家であるジョン・ミアシャイマーシカゴ大学教授は同年2月23日付「中央日報」に掲載されたインタビューで「第3回目の核実験まで成功裏に終えた北朝鮮は、もはや疑う余地のない『核武装国（nuclear-armed state）』だ」と評価した。そして「米国の生存が脅かされない状況で、米大統領が核戦争の危険を冒して韓国や日本を保護するために核兵器を使用する決断を下すことができるだろうか？　このような疑問は韓国や日本が核武装を検討する強力な誘因になるだろう」と指摘した。さらにミアシャイマー教授は、韓国が独自の核武装や戦術核再配備をオプションとして維持する必要があると主張した。[35]

すでに指摘したように2015年4月には、チャールズ・ファーガソン米科学者連盟会長が「韓国がどのように核兵器を確保し配備できるか」という報告書で可能性を詳細に分析した。同報告書は「現在、韓国が国際核不拡散体制の強力な守護者であるだけでなく、米国から拡大抑止力の提供を受けており、核武装に乗り出さないという見解が支配的だが、北東アジア情勢の変化の中で国家安全保障が重大な脅威に直面した場合、核武装の道に進む可能性がある」と指摘した。さらに「北東アジア地域の安保環境の展開状況によって、米国は秘密裏に日本と韓国の核兵器開発を歓迎することもあり得る。このような態度は米国の核不拡散政策に影響を与えかねないが、北朝鮮が核武力を発展させ主要な同盟勢力である韓国と日本が危険にさらされる場合、米国の選択肢は非常に制限的だ」とも指摘した。

そして主要な国際貿易国である韓国が核武装に乗り出す場合、国際的な制裁で経済が厳しくなる可能性もあるが、1998年に核実験を強行したインドの事例を見れば、その制裁は長くは続かないだろうと評価した。韓国のNPT脱退が国際制裁につながる可能性があっても、原子力産業分野で韓国と協力している米国、フランス、日本などの国家が損害を甘受してまで深刻な水準の制裁を加えることはないと展望した。[36] 国際政治と核拡散の分野で代表的な米国の専門家たちが核武装に対して相対的に寛容な態度を見せ始めたのは、金正恩政権以後、北朝鮮の核放棄の可能性が希薄になったことと密接な関係がある。

　北朝鮮の４回目の核実験後の２０１６年からは、米国の政界でも韓国の核武装を肯定的に考慮し始めた。当時、ドナルド・トランプ米共和党大統領候補は、韓国と日本が北朝鮮と中国の脅威から米国の核の傘に依存する代わりに、自ら核を開発することを許容するとした。現在のような米国の弱さが続けば結局、日本と韓国は核兵器を保有しようとするだろうと指摘した。[37]そしてトランプ氏は、韓国のような同盟国が在韓米軍駐留費用を１００％負担しなければ、核開発を通じて安全保障問題に自ら責任を負わなければならないと主張した。このように韓国と日本の核武装に対して「寛容な態度」を持ったトランプ氏が２０１６年に大統領に当選したが、文在寅大統領は「朝鮮半島非核化」という非現実的で理想的な目標だけにしがみつくことで、米国黙認の下で核武装に進む絶好の機会を逃した。そして文大統領は、信じていた金正恩氏から「核兵器を持たない韓国軍は北朝鮮軍の相手にならない」と無視される立場に置かれることになった。

　２０１７年3月18日、レックス・ティラーソン米国務長官は韓国訪問を終えた後、中国に移動する専用機の中で随行した「インディペンデント・ジャーナル・レビュー」記者とのインタビューで「北朝鮮の核は差し迫った脅威であるため、（北朝鮮の核をめぐる）状況の展開次第で米国は韓国と日本の核武装の許容を考慮しなければならないかもしれない」と述べた。これは米国が1991年に朝鮮半島から撤収した戦術核の再配備を超え、北朝鮮に対する軍事的抑制のために韓国の核兵器開発を許可することもあり得るという意味に解釈された。[38]

トランプ前大統領が核武装容認の立場を大統領当選後もしばらく持ち続けていたことはその後、さまざまな報道を通じて確認された。米国バード大学教授である国際政治専門家ウォルター・ラッセル・ミード氏は2017年9月4日、米日刊紙「ウォールストリート・ジャーナル」への寄稿でトランプ大統領が日本と韓国および台湾の核保有を肯定的に見ていると指摘した。ミード教授は寄稿で「北朝鮮危機は米国に好ましくない2つの選択肢を抱かせた」とし「70年間米国が守ってきた戦略を廃棄することによりアジアで不安定性を高めるか、暴悪で不道徳な北朝鮮政権との戦争リスクを覚悟すること」だと分析した。

彼の見解によると、北朝鮮の核危機と関連してトランプ政権内の見方は2つに分かれていた。ホワイトハウスの高官ら一部の専門家は、日本の核武装を阻止し、米国の核の傘を提供する現状を維持することが米国の利益に最も合致すると見ていた。これとは逆に、東アジアの核武装を米国外交の「失敗」ではなく「勝利」とする見方もあり、「トランプ大統領もこれに含まれる可能性がある」とミード教授は評価した。彼らは日本と韓国、さらに台湾までもが核を持つことで中国の地政学的野心を抑制できると考えた。[39]

2017年9月8日、米NBCニュースもトランプ政権が対北朝鮮オプションとして韓国内の戦術核再配備、韓国・日本の核武装容認などを検討していると報道した。NBCは「多くの人が可能性はないと見ている」という前提を付けながらも、戦術核配備は30年余りにわたる米国の朝鮮半島非核化政策から逸脱するものだと説明した。また中国が原油輸出を遮断するなど北朝鮮への圧迫を強化しなければ、韓国と日本が核兵器計画を追求する可能性があり、米国はこれを阻止しないという意志を米国の官僚が中国側に明らかにしたと、ある当局者は伝えた。[40]

2017年10月5日、米国のマック・ソーンベリー下院軍事委員会委員長も、米ワシントンD.C.のヘリテージ財団で開かれた討論会に出席し「日韓両国が北朝鮮の核の脅威に対応して核兵器保有を考慮することは理解できる」と述べた。「韓国と日本が核武装に乗り出すべきか」という質問を受けたソーンベリー委員長は「私は日本が韓国と同じように自国を防御するためにすべての代案を考慮しなければならない点に完全に同意します。核武装ももちろんその1つです」と答えた。ソーンベリー委員長は、日本は現在、核兵器開発がいつでも可能な（fully able）状態なので、さらに敏感な問題だと指摘している。日本側に「防御用の核兵器開発をしてはならないとは言わない」としながらも「現時点で核兵器が絶対に必要だとも言えない」という曖昧な立場を示した。さらに「日韓両国の核武装論議は中国を刺激し、中国がより積極的に北朝鮮核問題の解決に乗り出す誘引策になり得る」と指摘した。[41]

米下院外交委員会所属で朝鮮半島問題を扱う東アジア太平洋小委員会共和党幹事のスティーブ・チャボット議員も2021年3月16日、「ワシントンタイムズ」と世界平和国会議員連合（IAPP）が共同主催したセミナーで「中国を夜も寝られないほど怖がらせることができるのは核を持つ日本や韓国だ。これを真剣に議論する必要がある」と指摘した。そして「私たちが彼らの核武装を助けなければならないということではないが、両国との真剣な対話は私たちがしなければならないことだと思う」と強調した[42]。

チャボット議員は2022年9月15日に米国を訪問した「国民の力」の太永浩《テヨンホ》議員に会った席でも「北朝鮮を非核化交渉テーブルに着くよう中国にまず圧迫させることが重要で、こうした手段の1つとして米国が韓国、日本と核武装を議論する姿を見せることが必要だ」と指摘した。そして「今のように北朝鮮の核武装を黙認したり、はなはだしくは軍事経済援助のような支援を続けたりしている状況で北朝鮮が非核化交渉の場に出てくる可能性はない」とし「北朝鮮が核兵器で韓国を威嚇し続けている状況にあり、韓国と日本は自ら核武装を考慮する権利がある」と強調した[43]。

ロナルド・レーガン元大統領の補佐官だったケイトー研究所のダグ・バンドウ専任研究員も2022年10月、米政府系放送局ボイス・オブ・アメリカ（VOA）とのインタビューで、韓国が核武装決定を下す場合、米国はその決定を受け入れなければならないと主張した。彼は、米国が韓国防御のため米国都市を犠牲にする意志があるかどうかについて韓国は不安な立場だとした。そして今後、北朝鮮がより多くの核兵器だけでなく、米国本土を効率的に狙うことができると推定される長距離ミサイルを開発すればするほど、このような懸念はさらに高まるだろうと説明した。さらに「この状況を考慮すると、韓国が自ら核兵器を開発するかどうかを深刻に考えてみるのが妥当であり、韓国の防御のための決定は、究極的に米国ではなく韓国自ら下さなければならない」と主張した。また「米国はその決定に不満があっても、北朝鮮に対抗しなければならない必要性を感じる長年の同盟国の行く手を阻んではならない」と付け加えた。[44]ランド研究所のチェ・ソクフン研究委員も2022年10月のVOAとのインタビューで、韓国の核武装という選択肢を議論しなければならない時がすでにかなり前に到来したと指摘した。そして韓国はもとより同盟国である米国が抑止力を高め、韓国をよりよく防御できるすべての選択肢を考慮しないことは無責任だとした。[45]

2021年からは、韓国政府が独自の核武装を決定すれば米政府はそれを受け入れなければならないという米国と韓国、英国の専門家たちの寄稿文がワシントンポスト[46]、フォーリンポリシー[47]、ディプロマット[48]、ナショナル・インタレスト[49]のようなマスコミと専門学術誌などに相次いで掲載されている。このようにトランプ前大統領、下院外交委員会の共和党幹事、そして米国の権威ある学者たちと多数の専門家が韓国の核武装に対して寛容な立場を示しているため、米国が韓国の核武装を「絶対に」容認しないという一部専門家たちの主張は妥当ではない。むろん、今のところは米国で韓国の核武装に反対する専門家が多数を占めており、核武装を決定する場合、反対する専門家を説得することが容易ではない課題になるだろう。

韓国の核武装に対する米国内の論議を冷静に詳しく見ると、核不拡散論者たちの見解と核武装を受け入れるべきだというリアリズムが共存する。金正恩政権発足後、北朝鮮の２０１３年の第３回核実験と２０１６年の第４回核実験、そして２０１７年の水素爆弾核実験と３回のＩＣＢＭ発射実験などを経験し、米国の専門家や政治家の多くは核武装に対して相対的に寛容な態度を持つようになった。したがって以前に米国が韓国の核武装に対して取った態度と、金正恩政権後に変化している米国の態度を同一視することは不適切だ。

２０２１年からは米国内で韓国の核武装に対する賛否論争も始まった。２０２１年10月には米ダートマス大学のジェニファー・リンドとダリル・プレス両教授が7日付「ワシントンポスト」に「韓国は独自の核爆弾を作らなければならないのか？」というタイトルのコラムを共同寄稿し、核武装オプションを擁護した。これに対し米スタンフォード大学博士課程に在籍しながら国際安全保障協力センター研究員を務めるローレン・スーキン氏と、カーネギー財団核政策プログラム責任者のトビー・ダルトン氏が同月26日、米国の安保専門インターネットサイトである「ウォー・オン・ザ・ロックス」に「韓国が核武装をしてはならない理由」というタイトルの論文を寄稿し、反対の立場を明らかにした。
そして2022年10月には、ツイッターで核武装を支持するロバート・ケリー釜山大学校政治外交学科教授と反対するトビー・ダルトン氏の間で論争が交わされた。VOA（ボイス・オブ・アメリカ）は2022年12月23日、韓国独自の核武装を受け入れるべきだというダリル・プレス氏と、反対するロバート・アインホーン元国務省不拡散・軍縮担当特別補佐官との論争を紹介した。[50] また同放送は2023年2月3日、核武装を受け入れるべきだというケイトー研究所のダグ・バンドウ専任研究員と反対するヘリテージ財団のブルース・クリンナー専任研究員との論争を紹介した。[51]
ジェームス・ジェフリー元ホワイトハウス国家安全保障会議（NSC）副補佐官は2023年2月、VOAに対し、北朝鮮が米国本土攻撃力を完成する場合、過去のソ連がその水準に到達した時と似たような波紋を起こすだろうと話した。そして現在の拡大抑止に加え、米国の戦術核兵器の韓国再配備、NATO型のニュークリア・シェアリング、韓国独自の核開発などを考慮することができると説明した。ジェフリー元副補佐官は「韓国がドゴール大統領当時のフランスのように独自の核能力を開発するという決定をする可能性があり、韓国大統領がすでにその部分を暗示した」と評価した。続いて「このような非常に重大な軍事的措置は、北朝鮮が域内にもたらす脅威に対する両国間の統合外交戦略と別枠で推進することはできない」と指摘した。同氏はさらに、「韓国の世論に米国が耳を傾けなければならない」とし「民主主義体制では国民の声が重要であるからだ」と付け加えた[52]。

一方、中国の台湾侵攻を防げなければ、韓国や日本、オーストラリアなどに核武装論が強まるだろうという見方も米国で出ている。ハワイ所在の民間研究所「パシフィックフォーラム」は２０２３年2月、「台湾陥落後の世界」という報告書を出し、中国が台湾を強制併合する場合に米国と同盟国に及ぼす影響を分析した。著者の一人であるワシントンの「プロジェクト２０４９研究所」のイアン・イースタン専任局長は、「台湾陥落が米国の世界的な指導力を弱体化させ、米国の同盟体制と国連を圧迫し、はなはだしくは解体につながる」と展望した。特に韓国、日本、オーストラリアがすべて独自の核兵器を持とうとして「核兵器の軍備競争が始まり、すぐに統制不能な状態に陥りかねない」とし「第３次世界大戦勃発の可能性がいつにも増して高くなるだろう」と予想した。

イースタン局長は中国の台湾侵攻時、「韓国は中国に引き込まれると感じ、ソウルの政策立案者たちは自由と主権を中国に奪われるか、米国、日本とともに中国共産党の影響力に抵抗するかの不快な選択に直面するだろう」と展望した。続いて「韓国は核武装によって独自の抑止力を構築することで中国の占領を避けようと試みるだろう」と予測した。同局長はまた、北朝鮮は中国の助けを借りて韓国攻撃に乗り出す恐れがあり、中国は在韓米軍を追い出すために北朝鮮の侵略をある程度支援する可能性があると評価した[53]。

朝鮮半島問題専門家のスコット・スナイダー米外交問題評議会（CFR）米韓政策局長は2023年4月、「ニュースピム」との特別インタビューで「北朝鮮の核脅威が現実化している状況なので、米政府も結局、韓国の核武装を認めることになるだろう」と見通した。同氏は韓国の独自核武装についての米韓間の議論の見通しについて質問され「私はこの問題についての議論が長期化すると予想しています。両政府の現在の主な焦点は、米国が行っていた約束の信頼性を韓国に保証するための手段として『拡大抑止』を調整し、強化することです。米国はまた、韓国が核武装を追求すれば、それに伴う費用と対価が莫大になるという点を明確にしておきたいと考えています。私の見解では、核拡散防止条約（NPT）の崩壊に等しいこの問題に対する米国の見方は結局、韓国の核兵器開発を支持する方向に変わるでしょう。しかし、この問題は長い間、議論の対象になるでしょう」と答えた[54]。

約1年前までは、米国で韓国の核武装問題について議論する専門家はごく少数に過ぎず、当然、主要シンクタンクでは真剣に議論すらされなかった。しかし2022年下半期からワシントンD.C.でもタブーが崩れ始め[55]、今は核武装に反対する専門家たちでさえ、このオプションについて両国間で非公開の議論を行う必要があるという変化を見せ始めた。もちろん今のところは米国では反対が主流となっているが[56]、韓国では核武装論が主流になりつつあると米国の専門家が認識しているため、韓国政府と世論をどのように説得するか、韓国が核武装を決定する場合に米国がどのように反応すべきか、彼らの悩みが始まったと見ることができる。

1-2 米民主党と共和党の立場の違いの考慮と対米説得

韓国が核武装の方向に進む上で最も重要なことは対米説得だ。韓国が核武装を決定すれば、米政府は反対するか黙認するか悩むしかないだろう。現実的にバイデン政権が韓国の核武装を受け入れることは難しいだろう。したがって韓国政府がバイデン政権を対象に原子力協定改正の受け入れ、原子力潜水艦保有への同意まで引き出すことができれば、それだけでも大成功を収めたことになるだろう。

前述したように、米国では主に共和党の政治家と共和党に近いシンクタンクの一部の専門家が、韓国と日本の核武装に対して相対的に寛容な態度を見せてきた。したがって米民主党政権の容認を引き出すことは難しいだろうが、共和党政権が発足すれば相対的に容易になるだろう。共和党政権は過去に対中けん制のためにインドの核武装を黙認し、テロとの戦争のためにパキスタンの核武装を容認したように「友好的核拡散」において民主党政権より寛容な態度を見せる可能性が高い。

もし米国の次期大統領選で日韓の核武装に寛容な立場に立っているトランプ氏が再選に成功

すれば、韓国は米国の強力な反対や制裁に憂慮なく比較的順調に進むことができるだろう。[57] しかし韓国の政治指導者が北朝鮮の「完全な非核化」という実現不可能な目標に執着し続けたり、「一時的制裁」を恐れて説得する決意と決断力を持つことができなかったりすれば、核武装を通じて「南北朝鮮の核均衡」を実現する「機会の窓」が開かれても、それをつかむことができず、引き続き核の脅威の中で生きなければならないだろう。

米国の民主党政権は、共和党政権よりも同盟の立場を重視する傾向がある。しかし「核兵器のない世界」という理想的で非現実的な目標を追求したオバマ政権を継承したバイデン政権は、核武装に否定的な立場を取る可能性が高い。もし核の脅威がさらに深刻な水準に達し、韓国政府が核武装を決定するなら、バイデン政権が同盟維持の次元でこれを強圧的に阻止することはなくとも、米韓が一定期間気まずい関係になる状況は避けられないだろう。したがって韓国政府が短期間、両国関係が気まずくなったとしても迅速に核武装しなければならないと判断しないなら、核兵器開発は米国で共和党政府が発足するまで先送りし、対米説得作業を続けることが望ましい。

バイデン政権は「朝鮮半島非核化」という目標を固守しているが、非核化が不可能なことについては、米国の専門家も大部分が同意する。[58] それに北朝鮮は「非核化」の方向とは正反対に進み、2023年からは核弾頭を「幾何級数的」に増やすという立場だ。したがって韓国政府は、米国政府の政策が朝鮮半島の完全な非核化ではなく、完璧な抑止政策に転換されなければならないと強調する必要がある。[59]

韓国政府は核武装オプションを、最初は北朝鮮と中国を圧迫して再び非核化会談に出てこさせる交渉カードとして活用することが望ましい。そして北朝鮮が最後まで非核化交渉に応じず、核とミサイル能力を高度化し続けるなら、その時は米韓同盟と米国の安全保障に役立つという点を説得し、持続的かつ段階的に核武装の方向に進まなければならないだろう。韓国が核兵器を保有することになれば、たとえ北朝鮮が韓国を核兵器で攻撃しても米国が北朝鮮と核戦争をする理由がなくなり、米国本土がさらに安全になる。そして北朝鮮は遠くにある米国の核ではなく、近くにある韓国の核をもっと意識するようになり、米朝間の対決状態は相対的に緩和されるだろう。また北朝鮮は、韓国の軍事力が自分たちにはかなわないと思えば韓国軍を無視できなくなる。そこで韓国政府が偶発的な核使用を防ぐために南北軍備統制と対話を提案すれば、それを受け入れる可能性もある。

韓国が核兵器を保有していない状態で北朝鮮が戦術核兵器で韓国を攻撃した場合に、米国が核戦争を避けるために北朝鮮への核兵器の使用をためらうなら、同盟に対する韓国国民の信頼はあっという間に崩れるだろう。その意味で、韓国が核を保有することになれば同盟が試される状況を避けることができ、米国は韓国を守るために北朝鮮と核戦争をする最悪の状況を避けることができるだろう。そして米韓同盟は永久に持続できるだろう。

韓国が核兵器を保有することになれば、同盟が弱体化するという米国内の一部の憂慮を解消する必要がある。ソウル大学統一平和研究院（ＩＰＵＳ）が２０２２年9月22日に公開した「２０２２統一意識調査」によると、「どの国を最も身近に感じるか」という質問に80・６％は米国を挙げ、続いて北朝鮮９・７％、日本５・１％、中国３・９％、ロシア０・５％の順だった。したがって核武装をしても韓国国民は同盟の持続を望むだろうし、韓国が中国に「傾斜」するようなことは起こらないだろう。

韓国が自前で核兵器を開発すれば、米国は国防予算の相当部分を減らすことができる。米国の２０２３会計年度国防予算は７７３０億ドルに達し、核兵器関連予算まで含めれば１兆ドルを超える予算が支出されている。米国は自国より同盟国の安全保障のために多くの費用を負担している。もし同盟国が自ら解決すれば、米国は国防予算の４分の１程度を節減することができる。そうすれば、累積する財政赤字が悩みの種である予算削減に大きく役立ち、米軍兵力も削減できる。[60] もし次期米大統領選でトランプ氏が再選されれば、このような論理は対米説得にさらに有利に作用する可能性がある。

米国が核武装を認めれば、韓国が北朝鮮と中国の核脅威に対抗する抑止力を米国と共有できる点も強調する必要がある。米国の立場から見て、同盟国に「友好的核拡散」を許可するほうが核の傘を提供するより、はるかに安全で経済的で効果的だ。[61]

また韓国政府は民主主義国家であるため、国民の要求と念願を無視できない点も強調する必要がある。前述したように多くの世論調査で国民の60~70%以上が核保有を支持していることが確認されている。したがって韓国政府が、このような国民世論を政策化することは極めて当然だと言える。[62] 米国人の世論が好意的なわけだから、今後この問題と関連した米政府の立場や政策の変化に肯定的に作用するだろう。

2　対中国説得のプラン

北東アジアで日米韓vs中ロ朝の対立構図が形成されているため、韓国が核保有を推進する場合、中国は当然反対するだろう。しかし韓国独自の核保有が中国の国益にもかなうという事実を知れば、反対の強度は弱まるかもしれない。韓国政府は、大体次のような論理で中国を説得しなければならないだろう。

第一に、韓国が独自の核兵器を保有することになれば、朝鮮半島で核戦争の可能性がむしろ減り、中国もより安全になる。北朝鮮が核兵器を使用する場合、韓国が直ちに核報復をすることになるため、北朝鮮は核使用にさらに慎重になり、それだけ核使用のハードルは高くなる。

一方、韓国に核兵器がなければ南北間に局地戦が発生した場合、北朝鮮は通常兵器分野での劣勢を挽回するために戦術核兵器を使用する恐れがある。そのため、もし米国が北朝鮮に核兵器で報復すれば、隣接した中国も非常に深刻な被害を受けることになる。米朝核戦争によって中国東北地方の多くの地域と黄海《こうかい》が放射能で汚染され、北朝鮮住民数百万人が難民になって中国に流入すれば、中国東北3省も大きな社会的混乱に陥るだろう。しかし韓国が核兵器を保有すれば、米朝が核戦争をする理由もなくなり、中国はさらに安全になるだろう。

第二に、韓国が核兵器を保有することになれば、韓国の外交的・安保的自律性が拡大し、中韓協力にも肯定的に作用するだろう。韓国が引き続き非核保有国家のままでいるなら不安感のため、米国の拡大抑止にさらに依存するしかない。そうなれば、米中戦略競争が激化するほど中韓関係も悪化する可能性が高い。しかし韓国が核兵器を保有し、対米依存度が相対的に減ることになれば韓国の外交的自律性がもっと大きくなる。

これと関連して言うならば、ドゴール大統領が核保有を推進し、ソ連と東欧ブロック諸国と緊張を解消できる関係を樹立して理解と協力を求める道を切り開き、中国との関係を改善する方向に出た事例を参考にする必要がある。[63] だから、もし中国が「安全保障上の理由で米国の外交政策を無条件に支持しなければならない韓国」より「対米依存度が減り、国益に沿って米国に『ノー』と言える韓国」を好むならば、核武装に無条件に反対するのではなく、中立的な態度を取るか、間接的に支援すべきだ。

第三に、韓国が核武装後、北朝鮮と核削減交渉を進めて段階的に核兵器が削減され、制裁も緩和されれば中朝および中朝韓の経済交流協力が活性化され、中国の東北地方と北東アジアの発展に寄与することになるだろう。

韓国が核の恐怖から脱するために核武装を選択する時、もし中国がこれを強力な制裁で阻止しようとするなら中韓関係は深刻に悪化せざるを得ない。2016年7月、韓国政府による米国の高高度ミサイル防衛システムTHAAD配備決定に対する中国の報復以降、中国に対する韓国人の感情は非常に悪化した。もし韓国の核武装に対して中国が制裁を加えるなら、中韓関係はさらに大きな打撃を受けざるを得ないだろう。そして中韓関係の悪化は中国の安全保障と経済発展にもプラスにならないだろう。

朴槿恵《パククネ》大統領が2016年7月にTHAAD配備の決定を下したのは、同年1月の北朝鮮の第4回核実験直後に習近平主席との電話協議を望んだにもかかわらず、実現したのが1カ月後であったことに対する挫折感が大きく作用した。結局、朴大統領は頼る先は米国しかないと判断してTHAAD配備を決め、これに中国が強く反発し、経済報復で対応したことで両国関係は深刻に悪化した。このような不幸の二の舞いを演じないためにも中韓間の緊密な意思疎通が非常に重要である。安全保障に対する韓国の不安感に中国も共感することが必要だ。そうしてこそ韓国も中国の利益にさらに関心を傾け、理解しようとするだろう。

第9章

大胆で洞察力のある指導者と超党派協力の必要性

我々は現在、非常に重大な歴史的転換点に立っている。韓国の運命を今のように米国に託し続けるのか、あるいは米国と国際社会を説得して自分の力で守るのか、決断を下さなければならない時点に来ている。今、韓国は自分の力で自国の運命を守る道を選択し、国際社会でフランスの地位を高め栄光を取り戻したドゴール氏のような大胆で洞察力があり、歴史に残る指導者が必要だ。

北朝鮮の露骨な核の威嚇に対し、米大統領の「善意」だけに依存するのは非常に危険だ。米国の歴史を振り返ってみると、彼らの防衛公約が常に守られたわけではなかった。米陸軍で20年間勤めた軍事戦略専門家でカンザス大学海軍参謀大学校のエイドリアン・ルイス教授は2023年6月、韓国のあるメディアとのインタビューで韓国政府と国民に次のように助言した。

韓国は独自の核プログラムを開発することを考慮すべきだ。核開発は、韓国の安保のために重要だと考える。むろん、朝鮮半島に対する米国の防衛公約は堅固だ。しかし米国の歴史を見よ。公約が常に守られるわけではなかった。米国は10年近く続いたベトナム戦争で5万8000人余りの米軍犠牲者を出し、2000億ドルを使った後、ベトナムを放棄した。また最近ではアフガニスタンに1兆ドルを投資しても、（空《むな》しく）アフガニスタンを捨てたことを知っている。米国は約束を破った記録を持っている。そうかと思えば、トランプ氏は韓国に防衛の代価として数多くの「請求書」を突きつけ、どんな代価を払っても金正恩氏と平和協約を結ぼうとした。そのため米国が防衛公約をいかなることがあっても守ると全面的に信頼するのは難しい。それほど、韓国の状況が非常に深刻だ。[64]

我々にとって米韓同盟は非常に大切な資産だ。しかし4年ごとに誰が米国の大統領に当選するのか、そわそわしながら韓国の安全保障を彼らに委託し続けて生きていくことはできない。ヘンリー・キッシンジャー元米国務長官は米中対立で5~10年内に第3次世界大戦が起きる可能性があると診断した経緯がある。このような不確実性の時代に、北朝鮮の誤った判断または大国間の対立による犠牲にならないためには、私たち自身を守る強力な力がなければならない。

我々自身の核兵器保有は周辺国から我々を守る最後の手段である。ひいては北朝鮮および周辺国と対等な互恵協力関係を維持、発展させていく外交的、安保的資産となって持続可能な平和の時代を切り開くだろう。そして核の均衡を土台に、びくともしない北朝鮮を交渉テーブルに着かせ、脅威の削減と軍備統制はもちろん、交流協力の拡大も模索できるようにするだろう。

今、我々には失敗した、そして失敗するしかなかった既存の道から果敢に脱し、朝鮮半島の外交・安保・対北朝鮮政策の大転換をもたらす「新しい道」を切り開いていく大胆な歴史的指導者が必要だ。「非核・平和」政策や圧迫中心の対北政策で北朝鮮の核を防げなかったのなら、これからは国家指導者が政策の大転換を模索するのが当然だ。交渉による完全な非核化が事実上不可能なことは、専門家の大半が同意する。にもかかわらず与党と野党の指導部がその道を行くと言うなら、それは彼らの戦略の不在と無能さを如実に表すものだ。

我々に洞察力と強い意志でこの難局を切り抜ける歴史的指導者が必要な理由は、いかなる難関にも屈せず、国民を統合して国際社会を説得しなければならないからだ。韓国社会で保守と進歩は外交・安保・対北朝鮮政策で相当な立場の違いを見せてきた。ところが興味深い現象の1つは、特に核保有問題に反対する専門家たちは、保守と進歩に関係なく、立場が一律に同じ点だ。これは彼らの反対論理が国際状況の変化をまったく反映できず、総論水準に留まっていることと密接な関連がある。ウクライナ侵攻を契機に既存の核保有国間の協力がほとんど崩壊したにもかかわらず、依然として北朝鮮の核保有に対しては米中ロ間で共同対応が可能であるかのように主張することは、彼らの現実感覚の不在を如実に示すものだ。状況が変われば、認識も一緒に変わらなければならない。

本書第10章のQ&Aを読んでみれば、韓国の核保有に反対する専門家たちが国益の次元ではなく、既存の核保有国の立場で「善悪」の二分法的な見解でアプローチしていることが容易に理解できるだろう。もし核保有が「悪」で「犯罪行為」なら、既存の核保有国はすべて「悪」や「犯罪国家」と非難されなければならないだろう。しかし反対する専門家たちはとりわけ自国の核保有だけを罪悪視し、犯罪視する非常に偏った見方を見せている。責任感のある専門家なら、国益の観点から国家の安保と外交問題を扱わなければならない。

大転換の時期に、大胆で洞察力のある指導者とともに与野党の超党派の協力が必要だ。国内が分裂していれば、北朝鮮も周辺国も説得し難い。5年ごとの大統領選を機に政策が180度変わるとすれば、周辺国も北朝鮮も韓国政府を信頼することは難しいだろう。したがって与野党が国内政治については激しく論争しても外交・安保・対北朝鮮政策についてだけは緊密に協議する伝統を必ず打ち立てなければならない。そうしてこそ、大韓民国が周辺国と北朝鮮から尊重され得る。

韓国の核武装を「実現不可能な目標」と頭から否定して放棄すれば、韓国は引き続き核脅威の中で頭上に核を突きつけられた状態で生きなければならない。したがって「機会の窓」が開かれるまで決してあきらめず、核潜在力確保をはじめとする政府と政界の決断および学界の息の長い持続的な問題提起が必要だ。

脚注

1 シャルル・ドゴール、「ドゴール、希望の記憶」、316～317ページ。

2 「[社説] 韓米核協議グループ創設、『韓国への核の足かせ』は強化された」、〈朝鮮日報〉、2023.4.27.

3 シャルル・ドゴール、「ドゴール、希望の記憶」、397ページ。

4 朝鮮半島先進化財団北朝鮮核対応研究会も「現在の国家安保室は当面の外交および安保関連事項を処理するのに大部分の力量を集中せざるを得ないという点で、北朝鮮核対応を専担する第3次長室を新設して補強する必要がある」と主張した。朝鮮半島先進化財団北朝鮮核対応研究会、〈北朝鮮核：傍観するのか？〉、韓先政策2023-1（2023.2.1.）、47ページ。

5 フェイスブックのウェブページ：https://www.facelook.com/rokfns/
リンクトインのページ：https://www.linkedin.com/com/company/rokfns/

6 シン・ジンウ、ソン・ヒョジュ、「[単独]」『韓国独自の核保有』韓国人64％—米国人41％賛成」、〈東亜日報〉、2023.3.31.

7 「[社説] 韓米同盟70年、安保を超えて経済に至るまで『魅力あるパートナー』に」〈東亜日報〉2023.4.1.

8 2022年12月に世宗研究所北朝鮮研究センターが主催した「2022年韓米核戦略フォーラム」は米国専門家たちに韓国の深刻な安保状況を認識させ、米国で韓国の核武装問題に対する論議が活性化するのに寄与した。

9 ファーガソン報告書の内容はCharles D. Ferguson, "How South Korea Could Acquire And Deploy Nuclear Weapons," http://npolicy.org/books/East_Asia/Ch4_Ferguson.pdf（検索：2016.3.17.）。

10 玄武-1は射程180㎞以下の短距離弾道ミサイル、玄武-2は180㎞～800㎞以上の弾道ミサイル、玄武-3はクルーズ（巡航）ミサイルである。

11 徐鈞烈、「檀弓、韓国型核開発事業」、国民の力の柳性杰国会議員主催の「大韓民国の独自核保有、必要なのか」と題した討論会の討論文（2023.4.17.）

12 トン・ジンソ、「北朝鮮核への対応として韓国核武装論を考えてみると…」、「日曜新聞」、2016.11.11.

13 イ・ヨンジョン、「千英宇『数万人死んだ後の報復は無駄…核武装潜在力を確保すべきだ』」、「ニュースピム」、2023.5.17.

14 韓庸燮、「核不拡散の国際政治と韓国の核政策」（パクヨン社、２０２２）３１６〜３１７ページ。

15 日米原子力協定の全文は全鎮浩、「日本の対米原子力外交：日米原子力交渉をめぐる政治過程」（ソンイン、２０１９）、３１０〜３２８ページ。

16 キム・ジンミョン「日本は核燃料を再処理、韓国は禁止…」46年間凍結された原子力協定」、〈朝鮮日報〉、2019.11.20.

17 ヤン・チョルミン、「使用済み核燃料を保管する乾式貯蔵施設が設置されなければならない」、〈ソウル経済〉、2022.07.06.

18 全鎮浩、「韓米原子力協定と日米原子力協定の比較と示唆点：日米協定及び韓米協定の改正の方向に関連して」、世宗研究所の特別情勢討論会の発表文（2023.5.19.）、６〜７ページ。

19 全鎮浩、「韓米原子力協定と日米原子力協定の比較と示唆点」、９ページ。

20 韓庸燮、「核不拡散の国際政治と韓国の核政策」、３２０ページ。

21 日本はカナダ、オーストラリア、カザフスタン、南アフリカなどから天然ウランを購入し、米国、フランス、英国などで濃縮して輸入（日本の濃縮ウラン供給の約50%を米国が担う）する。韓国は、米国はもちろん、ロシアや中国などから濃縮ウランを輸入しているが、ロシア産濃縮ウランの輸入が30%以上を占めている。

22 ２０２１年現在、日本のプルトニウム在庫は約47トンで、そのうち10トン以上を日本国内に保管している。プルトニウムを数十トン単位で保有している非核保有国は日本だけだ。

23 抽出したプルトニウムをウランと混合して作った核燃料で、一般原子炉で燃焼は可能だが、ＭＯＸ燃料として使うプルトニウムは限られており、日本の余剰プルトニウムは増える傾向にある。

24 核兵器の原料として使用するプルトニウム２３９は、93%以上濃縮されたものを兵器級、それ以下を原子炉級に分類するが、米国エネルギー省は原子炉級プルトニウムも高度な設計技術を適用すれば破壊力の大きい核兵器を生産できると評価する。一方、ＩＡＥＡは兵器級、原子炉級に関係なく、８kg程度のプルトニウムで核兵器を製造できると見ている。

25 全鎮浩、「韓米原子力協定と日米原子力協定の比較と示唆点」、9ページ。

26 キム・サンジン、「[単独] 国民の力の特別委員会報告書には『核武装秘密プロジェクトを推進しなければ』」、〈中央日報〉、2022.11.24.

27 Daryl G. Press, "South Korea's Nuclear Choices," 2022韓米核戦略フォーラム発表論文（2022.12.17）参照。

28 李昌偉、「北朝鮮の核の前に立つ我々の選択」、31～34ページ。

29 Daryl G. Press, "South Korea's Nuclear Choices," 2022韓米核戦略フォーラム発表論文（2022.12.17）参照。

30 李昌偉教授は「韓国が北朝鮮の非核化が成功するまで条件付きで核武装すると宣言すれば国際社会が反対する名分は弱くなる」と指摘する。李昌偉、「北朝鮮の核の前に立つ我々の選択」、40ページ。

31 ソン・ビョンホ、ミン・テウォン、「沸き起こる核実験失敗説…「中性子弾爆発観測も」」、「クッキーニュース」、2006.10.10.

32 朴用韓、李商圭、「北朝鮮の核弾頭数量推計と展望」、《北東アジア安保情勢分析》、2023.1.11.

33 チョ・ジンウ、「米国人10人中7人、『バイデンが金正恩に会談を提案すべきだ』」、自由アジア放送、2023.2.7.

34 シン・ジンウ、ソン・ヒョジュ、「[単独]『韓国独自の核保有』韓国人64％―米国人41％賛成」、〈東亜日報〉、2023.3.31.

35 ペ・ミョンボク、「米教授『韓国、米国を信じられないときは独自核を…』」、〈中央日報〉、2013.2.13. https://www.joongang.co.kr/article/10765252。

36 Charles D. Ferguson, "How South Korea Could Acquire And Deploy Nuclear Weapons" を参照。

37 David E. Sanger and Maggie Haberman, "In Donald Trump's Worldview, America Comes First, and Everybody Else Pays," 〈The New York Times〉, March 26, 2016.

38 イ・スンホン、ク・ジャリョン、チュ・スンハ、「ティラーソン『韓日核武装を許容する可能性も』」、〈東亜日報〉、2017.3.20.

39 イ・ジェウォン、「トランプ、日本の核武装を望むか…北朝鮮危機で米戦略ジレンマ」、KBS News, 2017.9.5.

40 チェ・ドンヒョク、「トランプ、韓国の戦術核配備・核武装など『攻撃的』対北オプションを検討」、KBS News,

2017.9.9.

41 ヤン・ソンウォン、「ソーンベリー、『韓日の独自核武装考慮』理解」、自由アジア放送、2017.10.5.

42 イ・スルギ、「米下院議員『中国が北朝鮮の非核化を圧迫するように韓日核武装を論議すべき』」、〈朝鮮ビズ〉、2021.3.17.

43 ナ・ギョンヨン、「太永浩、米下院議員に会い『北朝鮮の誘引策がさらに必要』」、〈国民日報〉、2022.9.17.

44 パク・スンヒョク、「米国の一部『韓国は核武装を自ら決定すべき…米国の核の傘の信頼度が低下』」、自由アジア放送、2022.10.14.

45 パク・スンヒョク、「米国の一部『韓国は核武装を自ら決定すべき…米国の核の傘の信頼度が低下』」

46 Jennifer Lind and Daryl G. Press, "Should South Korea build its own nuclear bomb?", 〈Washington Post〉, October 7, 2021.

47 Robert E. Kelly, "The U.S. Should Get Out of the Way in East Asia's Nuclear Debates", 〈Foreign Policy〉, July 15, 2022.; Ramon Pacheco Pardo, "South Korea Could Get Away With the Bomb", 〈Foreign Policy〉, March 16, 2023.

48 Seong-Chang Cheong, "The Case for South Korea to Go Nuclear", 〈The Diplomat〉, October 22, 2022.

49 Seung-Whan Choi, "The Time Is Right: Why Japan and South Korea Should Get the Bomb", 〈The National Interest〉, July 12, 2022.; Daehan Lee, "Is South Korean Nuclear Proliferation Inevitable?", 〈The National Interest〉, July 18, 2022.; Daehan Lee, "The Case for a South Korean Nuclear Bomb", 〈The National Interest〉, September 24, 2022.

50 チョ・ウンジョン、「[特別対談]」「『韓国のNPT脱退後の核武装が正当』vs『厳しい対価を払うだろう』」、VOA、2022.12.23.

51 チョ・ウンジョン、「[特別対談]」「『米国が韓国の核武装を容認する可能性も』vs『米韓同盟に負担』」、VOA、2023.2.3.

52 チョ・ウンジョン、「韓国の核武装論論議深化『核計画グループ設立すべき…中国の台湾侵攻時は韓日が核武装』」、VOA、2023.2.28.

53 チョ・ウンジョン、「韓国の核武装論論議深化『核計画グループ設立すべき…中国の台湾侵攻時は韓日が核武装』」、VOA、2023.2.28.

54 キム・グンチョル、「[海外専門家特別インタビュー①] スコット・スナイダー『米、結局韓国の核武装を認めるだろう』」、〈ニュースピム〉、2023.4.6.
55 チョ・ウンジョン、「[新年インタビュー：シュライバー元次官補]『韓日核武装論議のタブーなくなった…台湾有事の際の韓国の役割について論議を開始すべきだ』」、ＶＯＡ、2023.1.26.
56 ハム・ジハ、「[ワシントントーク]『韓国の核武装』米国の反対の壁超えるか…今のところは『ＮＯ』」、ＶＯＡ、2023.1.29.
57 ２０２３年1月24日、米エマーソン大学が発表した２０２４年仮想大統領選アンケート調査によると、トランプ氏とバイデン氏が大統領選で再び対決する場合、バイデン氏の支持率は41％で、トランプ氏（44％）より３％低かった。〈ファイナンシャルニュース〉、2023.2.2.
58 米国の朝鮮半島問題専門家であるスコット・スナイダー米外交協会（ＣＦＲ）米韓政策局長は最近の〈ニュースピム〉との特別インタビューで「金正恩は…核兵器能力を持った体制生存を追求しているため、核兵器を決してあきらめない」と評価した。キム・グンチョル、「[海外専門家特別インタビュー①] スコット・スナイダー『米、結局韓国の核武装を認めるだろう』」、〈ニュースピム〉、2023.4.6.
59 庾龍源、「[庾龍源のミリタリーシークレット] 実現不可能になった北朝鮮の非核化！　完璧な朝鮮半島核抑止論提起」、〈朝鮮日報〉、2022.11.8.
60 李昌偉、「北朝鮮の核の前に立つ我々の選択」、40～41ページ。
61 李昌偉、「北朝鮮の核の前に立つ我々の選択」、43ページ。
62 シン・ジンウ、ソン・ヒョジュ、「[単独]」『韓国独自の核保有』韓国人64％―米国人41％賛成」、〈東亜日報〉、2023.3.31.
63 シャルル・ドゴール、「ドゴール、希望の記憶」３１３ページ。
64 イ・ミンソク、「米専門家『トランプ復帰の場合は朝鮮半島政策がすべて変わる、韓国は核武装を考慮しなければ』」、〈朝鮮日報〉、2023.6.22.

3部

Q&A

第10章 核武装に関するQ&A[1]

核武装に反対する専門家たちは「韓国が核武装を推進すれば国際社会の制裁で経済が破綻し、米韓同盟が解体されるだろう」として過度な恐怖心を誘発し、米国と中国、ロシア、英国、フランスなどのような核保有国の立場に基づいて核武装を罪悪視したり犯罪視したりして現実の変化を反映できない極端で二分法的な論理を提示する。この章では、このように事実と異なる主張に反論し、しばしば提起される質問に答える。

1　国際社会の制裁と反対、費用と便益の問題

Q　国際社会の制裁で韓国経済は破綻するのか？

２０２２年のロシアのウクライナ侵攻後、米ロ関係が極度に悪化し、北朝鮮がＩＣＢＭを発射しても国連安保理では制裁が採択されていない。今後、北朝鮮が７回目と８回目の核実験を強行するとしても、制裁が採択される可能性は低い。このようにウクライナ戦争後、核保有国

の核不拡散体制に深刻な亀裂が生じている。こうした状況で韓国が核武装することに、米国が国連安保理で制裁の採択を推進することは想像できないことだ。

ロバート・アインホーン元米国務省不拡散・軍縮担当特別補佐官も２０２２年12月17日、米韓核戦略フォーラムの発表文で反対する専門家の立場を紹介し、「米国が望むなら安保理の制裁を防ぐことができるが、中国やロシアなど韓国の核武装に反対する国家、特に中国そしておそらくロシアや他の諸国は一方的に処罰する措置を採択すると予想できる」と記述しながらも、国連安保理で韓国に対する制裁が採択されることを米国が阻止できることを示唆した。[2] 核武装に反対するヘリテージ財団のブルース・クリンナー専任研究員も２０２３年２月３日に放映されたＶＯＡとのインタビューで、韓国が核武装する場合「中国が国連安保理で韓国に対する制裁を推進すれば、米国は拒否権を行使すると考える」と展望した。[3]

このように現在の状況では、韓国が国家生存のために核武装を決定しても、経済が破綻するほどの国際社会の超強力な制裁に直面する可能性は低い。２０１６年10月12日、国会で開催された核フォーラムセミナーで峨山政策研究院の崔剛《チェガン》博士が主張したように「過去における他国の事例を見てみれば、外交的に短期的衝撃はあったが、一定時間が経過すれば正常な軌道に戻るのが慣例」で、韓国でもこれは同じだろう。

英国キングス・カレッジ・ロンドン国際関係学科のラモン・パチェコ・パルド教授は２０２

3年5月9日に訪米し、「朝鮮日報」とのインタビューで「全世界は北朝鮮が決して非核化しないことを知っています。その核の脅威が絶対に消えないという意味です。韓国が（北朝鮮の核の脅威に対応するために）核開発の道に進んでも、米国など他の国々が（全面）制裁に乗り出すのは難しいでしょう」と分析、評価した。また「米国は韓国が核開発に乗り出す場合、『我々は特定技術を韓国に移転しない』とし、若干の『外見上の制裁（cosmetic sanctions）』を加える可能性もある」とし、「しかし（韓国が実際に核開発に乗り出す場合）起こることは、思ったほど深刻ではないだろう」と見通した。パルド教授は「米国を筆頭とした国家（自由陣営）と朝中ロとの分裂が大きくなっている。10～15年前までは韓国が核開発に乗り出したら、米国と中国、ロシアなどが国連安保理で合意し、韓国に全面制裁を加えたはずだ。しかし米国とロシアが互いに対話しない現在、そんなことは起こらないだろう。何よりも韓国が（世界舞台での比重がさらに大きくなり）米国とオーストラリア、カナダなどの国々は韓国と政治的にますます近くなっている。この状況で米国や欧州の指導者が『韓国は直接的な核の脅威を受けている。それでも我々は韓国に制裁を加える』と言うのは難しいだろう」と指摘した。[4]

しかし核不拡散体制が崩壊し、北東アジアで核軍備競争が進むという国際社会の一部の憂慮を十分に解消できなければ、韓国が周辺国や国連安保理常任理事国の独自制裁、または強い反対に直面することになりかねない。したがって韓国の核武装が米国や中国、日本など周辺国の利益を損なうことなく、むしろこれら国家の国益にプラスとなる点を丁寧な論理で説明しなければならず、国際的容認を引き出すための緻密な準備が絶対に必要だ。そうでなければ、核武装によって韓国と国際社会の間に葛藤と混乱が長期にわたり続く可能性もある。

Q 米国は韓国への独自制裁を進めるだろうか？

韓国が核武装した場合に米国が実行に移す可能性のある独自制裁と関連して、ロバート・アインホーン氏は「米政府が韓国の行動に起因するいくつかの制裁法を免除することはできるが、一部の制裁法は自動的に賦課される可能性がある。この場合、大統領ではなく議会の投票によってのみ免除が決定される。これには核実験を理由に武器の販売やさまざまな形の財政支援を含む広範な二国間協力の停止を命令するグレン修正条項が含まれる可能性がある」と指摘した。[5]ここで注目すべき点は、議会の投票によってグレン修正条項の適用を免除される点だ。したがって韓国が強力な独自制裁を避けるためには、米国議会を対象とする議員外交が非常に重要だ。

グレン修正条項は、米民主党のジョン・グレン上院議員が発議した法で、再処理技術を獲得・移転したり、核装置を爆発または移転したりする国家に制裁を科すことになっている。[6]したがって韓国が核実験をする場合には同法が適用されるが、NPT（核拡散防止条約）を脱退する場合には同法の適用を受けない。

過去、米国はインドが1998年に5回にわたって地下核実験をしたと発表した後に経済制裁を加えたが、これは長く続かなかった。[7] インドとパキスタンに対する広範囲なグレン修正条項の制裁は1998年5月に賦課され、漸進的に緩和され、2001年9月になって完全に廃止された。[8] さらに2005年3月にはブッシュ大統領がインドを訪問し、核協力に関する協定を締結した。米国は当時、中国をけん制する意味でインドの核開発を容認した。

核不拡散の原則に例外を認め、核不拡散体制を無力化させる措置に対して、当時のニコラス・バーンズ米国務次官は「インドは北朝鮮やイランとは違って民主主義の信念がある。また国際査察を確実に約束した国であるため、米国の特別待遇を受けた」と正当化した。[9] このような論理を韓国に適用すれば、民主主義国家として核開発をしても査察を受け入れれば、米国の特別待遇を受けることができるだろう。これと関連して2015年4月にチャールズ・ファーガソン米科学者連盟会長が回覧した報告書の次の分析を参考にする必要がある。

まず韓国は最もグローバル化した経済大国の1つで、サムスンやLGの電子製品のように魅力的な商品を世界市場、特に米国市場に供給している。このような現実は、韓国の核兵器保有反対の根拠になる。核兵器保有時に発生する国際制裁が、韓国経済を危険に陥れる恐れがあるためだ。しかしインドの先例を考えてみれば、これといった困難なく制裁を克服していく可能性も高いと見られる。1998年5月、インドは核爆発実験を行い、これによる経済制裁を経験した。しかし制裁は1年余りしか続かなかった。当時、インドは韓国のように魅力的な商品を生産する国ではなかったが、人口が多いことから魅力的な市場であっただけでなく、民主国家として米国が共産主義中国の軍事力をけん制する上で重要な協力対象と見なされた。韓国はインドに比べて人口規模は小さいが、ほとんどの人が比較的豊かな生活を享受しており、ダイナミックな民主主義国家である。その上、前述したように韓国企業は米国人の消費欲求が高い商品を生産しているため、韓国に対する制裁は形式的な可能性が高く、数カ月以内に解除される可能性が高い[10]。

米国は半導体分野で韓国、台湾、日本との協力を非常に重視している。したがって核武装を推進すれば、米国が制裁で韓国経済を破綻させるという一部の専門家の主張は現実性がない。韓国が核武装を推進することに米国が反対して経済を破綻させるなら、ただでさえウクライナ侵攻後に低迷している世界経済にさらに大きな打撃を与える。これを最も歓迎する国家はほかならぬ北朝鮮だろう。したがって米国が自国と西側世界の国益に反する強力な独自制裁を推進する可能性は非常に少ないと考える。

Q 国際社会の制裁で原発稼働が中断されるのか？

元米国務省のロバート・アインホーン氏は韓国が核武装した場合、「韓国の民間向け核エネルギープログラムが特に大きな打撃を受けるだろう。原子力協定により両国の核協力が中断され、韓国は核兵器プログラムに米国が以前に供給した核原子炉、装備または材料を使用できなくなる。実際には難しいとしても米国は当該の原子炉、装備および材料の返還を要求する権利を持つことになる」と指摘した。[11]

韓国が核武装しても米国が何の措置も取らなければ、イランのような国が核武装することを、米国が阻止する名分が弱まる。このため韓国が核武装をした場合、米国は初期に韓国の原子力産業分野に制裁を加える可能性が十分にある。しかし韓国の決定が国家生存のための不可避な措置だったと米政府と専門家たちを説得し続ければ、およそ6カ月～1年後に大部分の制裁が免除されると予想される。それゆえ韓国の原子力産業界は米国の独自制裁によって一時的な苦痛を経験するかもしれないが、毅然《きぜん》とした対応こそが必要だ。

核武装に反対する前出のブルース・クリンナー専任研究員も「韓国がＮＰＴに違反して脱退すると言えば、原子力供給国グループは自動的に韓国に対する核分裂物質の供給を中断するだろう……韓国の民間原子力プログラムが中断され、その電力の30％が遮断されるだろう」と主張する。[12] このように核武装反対論者たちは、もし韓国が核武装すればすぐに原発稼働が中断され大量停電事態が発生すると主張するが、実際にそのようなことが発生する可能性は希薄だ。現在稼働中の原子炉に核燃料を一度装塡すれば、基本的に1年6カ月は稼働可能だ。そして韓国は18~24カ月分の濃縮燃料を備蓄しているため、直ちに国際市場で濃縮ウランを買ってくることができなくても、3年程度は問題がないことが分かっている。

韓国水力原子力発電所(韓水原)によると、ウランは原石を加工した精鉱と濃縮の2つの形態で輸入している。平均10年単位で契約が行われ、需給の多角化も行われている。現在、韓水原はロシア、英国、フランスの3カ所から3分の1ずつウランの供給を受けていて、各国の輸入量を増やすことも減らすことも可能だ[13]。現在、韓水原の在庫量が十分な上、ロシアの物量供給に支障が生じれば英国とフランスの物量を増やすことができ、もし英国とフランスが販売しなければロシアから全量輸入も可能な状況だ。

西側の経済制裁でロシアはエネルギー輸出で大きな打撃を受けているが、原子力部門だけは例外だ。ウランを輸出して濃縮し、原子力発電所を建設するロシアの独占国営企業ロスアトムは全世界の原子力発電産業で占める割合があまりにも大きく、代わりになる主体が他にないため、制裁を受けていない[14]。米国の原子力産業は1979年のスリーマイル島原発事故以来、衰退し、濃縮過程は外国事業者に依存するようになった。米国は天然ウランが豊富だが、旧ソ連諸国から濃縮ウランを輸入するほうが安い。その結果、米国と欧州は濃縮ウランの20%をロシアから調達しているのが実情だ。[15]

前述のファーガソン米科学者連盟会長も韓国のNPT脱退が国際制裁につながる可能性はあるが、原子力産業分野で韓国と合弁中の米国、フランス、日本などの国家が損害を甘受してまで深刻な水準の制裁を加えることはないと展望した。内容を紹介すると次の通りである。

韓国はこれまで核不拡散体制の守護国としての位置を堅固に守ってきた。一例として、韓国は包括的安全措置協定(Comprehensive Safeguards Agreement)の追加議定書(Additional Protocol)まで適用しており、これによって韓国内の民間原子力プログラムは国際原子力機関(IAEA)の強力な査察を受けている。韓国は2012年、核安全保障サミット(Nuclear Security Summit)を開催し、核物質やその他の放射能物質の安全管理にリーダーシップを発揮してきた。さらに韓国は数十年以内に今後の原子力技術輸出市場のシェアを20%以上に増やすと宣言しており、このためにも経済制裁リスクを抱え込もうとしないだろう。しかし言い換えれば、これはあくまでも不拡散体制が韓国の国益に符合する仮定の下でのみ有効な現実に過ぎない。もし韓国政府が国益のために核兵器開発が必要だと決定した場合、北朝鮮が2003年にそうだったように、核拡散防止条約の第10条を根拠に、90日の通知期間を経てNPT脱退を宣言できる権利がある。韓国に対する原子力技術の輸出制裁もやはり高くない強度で終わる可能性が高い。韓国は賢明にも原子力産業で米国やフランス、日本など有力な国家と協力関係を結んでいる。この協力国がアラブ首長国連邦（UAE）やその他の国で韓国とともに進めているパートナーシップを通じて持続的に利益を得たいなら、自国にまで害を及ぼすことになることを覚悟してまで韓国に強力な制裁を押し付ける可能性は高くないからだ。[16]

ケイトー研究所のダグ・バンドウ上級研究員も「インドの場合、米国は地政学的理由のために原子力供給国グループへのインド受け入れを押し通した」と指摘した。[17]米韓関係の悪化は米国の国益に合致しないため、米国が原子力供給国グループへの韓国の受け入れを推し進める可能性が高い。

Q　中国は「THAAD報復」よりも強力な制裁に乗り出すのか？

一部の専門家は、韓国が核武装を推進すれば中国がこれに強く反発し、過去のTHAAD《サード》配備時よりも強力に制裁すると主張する。ところが中国の主要な朝鮮半島専門家10人余りの意見を個人的に聞いたところ、彼らが皆韓国の核武装に強く反対するわけではなかった。韓国の核武装が中国の国益にむしろ合致し得る点を理解する専門家や、支持する専門家たちもいた。

反対する中国の専門家たちも韓国の核武装に対しては単純に「反対する」程度の水準だったとすれば、日本の核武装に対しては「絶対反対する」という立場である。さらに台湾の核武装に対しては「決して容認できない」という立場を示し、3カ国に対する反対の強度で非常に大きな差を見せた。これらの専門家たちに「米国戦術核兵器の再配備」と「NATO式ニュークリア・シェアリング」、そして「韓国の核武装」のうち、中国にとって最もましな選択肢が何かについて尋ねた時は、半分以上が「韓国の核武装」を挙げた。したがって中国の専門家や政府が韓国の核武装に対して無条件に反対するという主張は実際と乖離がある。韓国の核武装が中国の国益にもプラスとなることをよく説明すれば、彼らの反対を相当程度、和らげることができるだろう。

過去、中国がTHAADの韓国配備に強く反発した理由は、それが「米国のTHAAD」だったからだ。そのため中国の専門家たちに「韓国が独自の核兵器を保有して南北の核均衡がなされれば、米国のTHAADを追加配備する必要はない」と説得すれば、核武装に対する態度が相対的に肯定的に変わり得る。

Q　核保有の便益は何であり、どのように費用を最小化できるのか？

長い間、韓国と米国の外交安保専門家たちは国際社会の制裁とその経済状況の悪化など、核武装がもたらす否定的な側面だけを強調し、肯定的な側面からは目を背けてきた。ところが韓国の核武装は、次のように失うものより得るもののほうが多い。

(1) 韓国が独自の核抑止力を持つようになれば、北朝鮮の誤った判断による核使用の可能性を防ぐことができ、朝鮮半島で軍事的緊張が緩和され、平和と安定の新しい時代が切り開かれるだろう。

(2) 北朝鮮の核攻撃により同盟が試される可能性がなくなるだろう。

(3) 北朝鮮が韓国との軍事対話を拒否する名分がなくなり、朝鮮半島の軍備統制および平和体制構築交渉を韓国または南北が主導できるようになるだろう。

(4) 核削減交渉を通じて北朝鮮の核削減が実現すれば、それによって制裁も段階的に解除され、金剛山観光と開城工業団地の再稼働など南北交流の再開が可能になるだろう。

(5) 核削減が実現すれば、それによって米朝および日朝関係正常化を進展させることで北東アジアの平和、世界平和に寄与できるだろう。

(6) 北朝鮮の核削減が行われれば、それによって対北朝鮮制裁も段階的に解除することで日朝韓、中朝韓、ロ朝韓の経済協力も可能になるので、北東アジアの経済発展と協力に寄与することになるだろう。

(7) 米中戦略競争の構図の中で、韓国の外交的地平線が相対的に拡大することによって、韓国はより国益と実利に基づいた外交を推進できるようになるだろう。

(8) 通常兵器の購入と開発にかかる莫大な国防予算を減らすことができ、その代わりに将兵と職業軍人の処遇改善および青年と老年層の福祉にさらに多くの国家予算を投入することができるだろう。

(9) 南北間の戦争の可能性が減り、軍服務（徴兵）期間の削減が可能になるか、少なくとも人口の絶対的減少による軍服務期間の延長を避けることができるだろう。そのため韓国の核保有に対して特に青年層が非常に積極的に支持するだろう。

(10) 韓国が核保有国になれば、国家に対する国民の自負心がさらに高まるだろう。これは国民にもっと大きなエネルギーを与え、経済と文化発展にも寄与することになるだろう。

もちろん韓国の核保有のためには一定の「費用」、または「対価」を支払うことが避けられない。その費用は固定的ではなく、①核武装を推進する時点の北朝鮮の核脅威の水準、②核武装を推進する時点の米国大統領が韓国の核武装に否定的か、または寛容な態度を持っているか、③米中または米ロ対立の水準、④韓国の日本、中国、ロシアとの関係の状態、⑤米国をはじめとする国際社会と国内の反対世論を効果的に説得するための緻密な論理とネットワーク等をいかに効果的に備えているか、⑥政府と野党間の関係の状態―などによりコストが著しく増加することもあり、減少することもあり得る。韓国が核保有を推進すれば、無条件に国際社会の制裁のために経済が破綻したり、米韓同盟が壊れたりするという主張は、核不拡散論者のお決まりの反対論理に過ぎず、実際とは大きな距離がある。

2　核ドミノ、核不拡散体制崩壊、国家威信の問題

Q　核ドミノ現象が起き、核不拡散体制が崩壊するのか？

反対論者たちは、韓国が核武装すれば日本と台湾も核武装をして結局、核不拡散体制が崩壊すると主張する。ところが日本の保守政治家たちは核武装を望んでいるが、国民の反核感情があまりにも大きく、その決断を下すことは難しい。

東アジア研究院（ＥＡＩ）と日本の非営利団体である「言論ＮＰＯ」が２０２２年９月１日に発表した「日韓共同世論調査結果」によると、北朝鮮の核の脅威が続けば、日本が核兵器を保有することに対して２０２２年の調査では日本国民の14・６％が賛成し、61・６％が反対していることが分かった。２０２１年の調査では日本国民の９・８％が賛成し、69・９％が反対したため、２０２１年と２０２２年の調査で核保有賛成世論が４・８％増加し、反対世論が

8・3%減少したものの、依然として反対意見がはるかに多い。

そして台湾が核武装する場合、中国は直ちに攻撃するという立場を取っているため、台湾の核武装の可能性も希薄だ。したがってイスラエル、インド、パキスタン、北朝鮮まですでに核武装した状況で韓国が核を保有したからといって、核不拡散体制が突然崩壊することはないだろう。

一部の専門家は、韓国が核武装すれば日本も核武装する可能性を心配する。しかし韓国に続き日本も同時に核武装することになれば、韓国はむしろ国際社会の制裁を心配しなくてもいい。米国や国際社会が韓国と日本を対象に同時に制裁すれば、世界経済が深刻な打撃を受けるほかないため、むしろ韓国は単独でするよりも安全に核武装が可能になる。そのため韓国の国益のためには独自の核武装よりも日本との同時核武装が望ましい。

最悪のシナリオは日本が核武装する時、韓国がそれについていけず一人ぼっちで北東アジアで非核国家として取り残されることだ。日本は現在、核弾頭6000発を作ることができるプルトニウム50tをすでに抽出している。非核国家の中で保有量が最大規模であり、技術力も最高水準だ。北東アジアで核武装競争が繰り広げられる場合、韓国はプルトニウムも抽出しウランも濃縮しなければならないが、日本はその段階を飛び越えることができる。このため1994年の寧辺核危機当時、日本の熊谷弘官房長官が「技術的に3カ月で核兵器開発が可能だ」と述べたことを想起する必要がある。[18] 南・北・米・中・日・ロの中で韓国だけが非核国家として取り残される最悪のシナリオを避けるためには、ひとまず私たちも日本と同じ水準の核潜在力を至急確保し、核武装するかどうかはその次に考えるのが現実的な態度だ。

韓国が核兵器を保有しなければ北東アジアで核軍備競争が発生しないかのように主張することは、現実と完全に乖離した主張だ。米国防総省は2021年11月に議会へ提出した「中国を含む軍事安保展開状況」という報告書で、中国の核弾頭保有規模が2027年までに700発に増え、2030年には1000発を越える可能性があり、2035年までに1500発に増えると展望した。[19] 韓国の核保有と関係なく、中国の核兵器数は幾何級数的に増加することにな

図10-1　世界の核保有国の核弾頭数

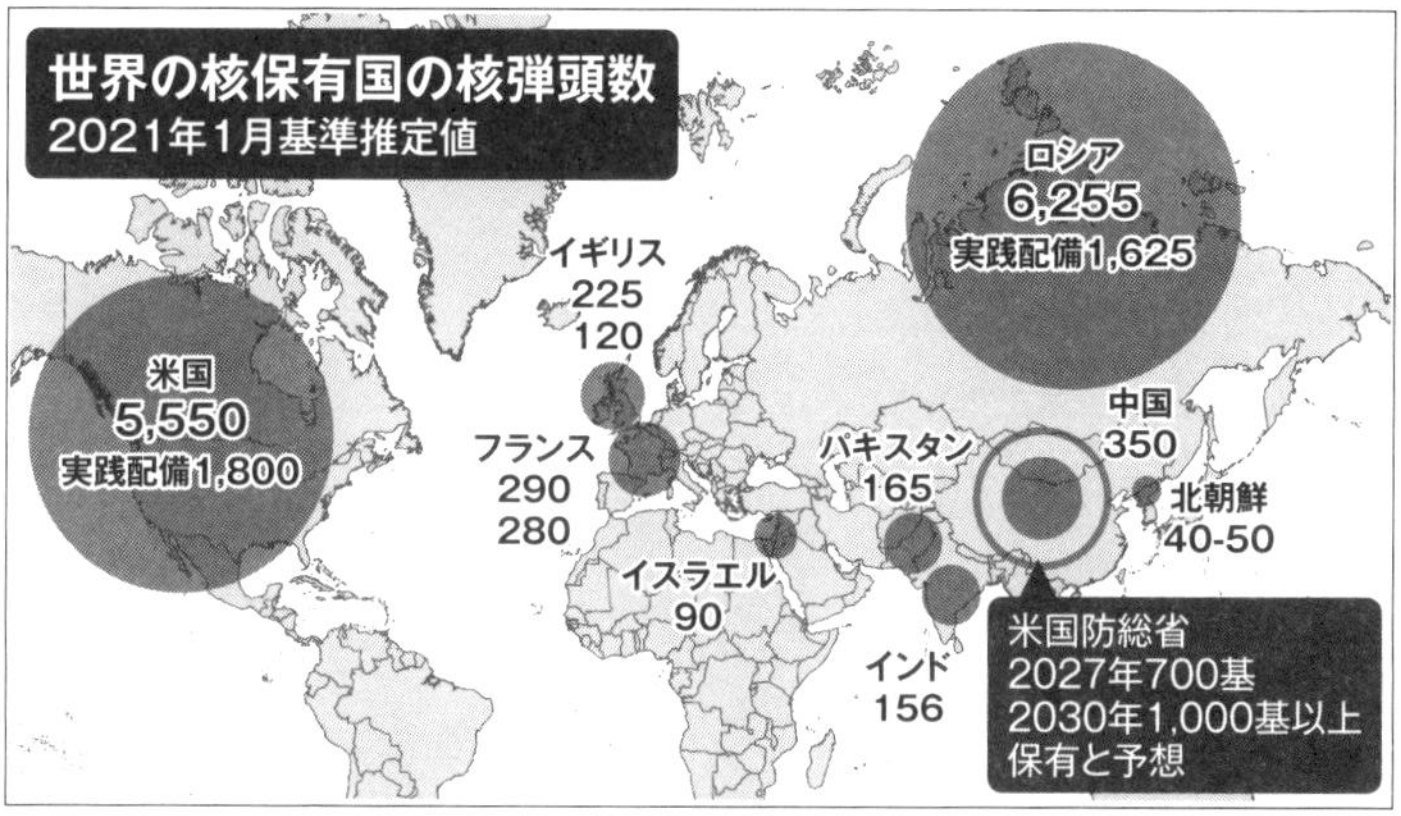

ストックホルム国際平和研究所（SIPPI）
資料：〈聯合ニュース〉、2021.11. 4
出処：https://www.yna.co.kr/view/GYH20211104000900044 7section=search

っている。だから韓国と日本の核保有に反対する主張は結局、中国と北朝鮮に有利な論理だ。これに関連して2015年4月に行った米科学者連盟のチャールズ・ファーガソン会長の次の分析を参考にする必要がある。

韓国の核武装に反対するもう1つの論拠は、米国との防衛条約を破る行為であり、日本および中国との核軍備競争を招くことになるという主張だ。これは韓国の核武装に反対する最も強力な論拠になるかもしれないが、先に言及した状況からは韓国の核武装がなくても、いつでも起こる可能性がある。米国はアジア太平洋地域への回帰戦略（Pivot to the Asia-Pacific region）を宣言したわけだが、韓国と日本を支える水準を満たす防衛支出に対し、ますます大きな圧迫に苦しんでいる状況だ。

また韓国と日本の前・現職の指導者たちはオバマ政権が核兵器の効用性を過小評価したと感じており、オバマ大統領の「核のない世界（world free of nuclear weapons）」のスローガンは一部の日韓の軍事専門家たちの不安感を助長した。

万一、米国が北朝鮮と中国による脅威を安定的に防いでくれる信頼できる主体になれないと判断されれば、韓国および日本国内の慎重な軍事専門家たちですら自国の核武装を積極的に考慮することになるだろう。さらに韓国の何人かの官僚は「韓国の核武装こそ、北朝鮮の非核化をはじめとする韓国の事案に対して米国がより真剣に取り組めるように覚醒させる手段だ」と合理化することもできる。[20]

本書前半で言及したように、中国の台湾侵攻を阻止できなければ米国の世界的指導力が弱まり、韓国、日本、オーストラリアすべてが核兵器を持とうとするという分析も米国から出ている。したがって他のすべての可能性を排除し、韓国が核を保有しなければ核ドミノ現象が発生しないかのように主張することは、国際情勢急変の可能性をまったく考慮しない非現実的な態度だ。反対論者たちは核武装すれば核ドミノ現象が発生し、全世界がさらに不安定になると主張するが、防御的現実主義を代表するスティーブン・ウォルト米ハーバード大学教授はむしろ「核兵器保有国が急激に増えることは望まないが、（韓国のような）一部国家に徐々に拡散するのは（国際情勢を）安定させる可能性もある」と主張する。ウォルト教授は2022年1月「東亜日報」とのインタビューで「韓国をはじめとする一部のアジア国家は（北朝鮮の核脅威が大きくなれば）核武装を深刻に考慮すると思う。核兵器は、はるかに強力な敵に直面しても究極的な独立を保障できるからだ」とその理由を具体的に説明した。[21]

Q 韓国は北朝鮮のような「ならず者国家」に転落するのか？

核武装反対論者たちは、韓国が核武装すれば北朝鮮のような「ならず者国家」に転落し、国際社会で外交的に孤立すると主張する。しかし北朝鮮が国際社会の強力な制裁を受けている理由は、独裁国家であり反米国家だからだ。韓国は米国と価値を同じくする民主主義国家で親米国家であるため、韓国を北朝鮮のような「ならず者国家」と見なすことは不適切だ。

米国はイスラエルの核武装をまったく問題視せず、むしろ沈黙している。さらにインドとパキスタンの核実験後は、両国を制裁した中国へのけん制とテロとの戦争遂行のために制裁を解除し、むしろパキスタンに経済的支援までした。対外関係で普遍的価値と国益が衝突する時、米国はほとんど常に国益を選択してきた。そして中国が核弾頭を増やしており、ロシアがベラルーシに戦術核兵器を配備したことで確認されているように、強大国もNPT体制をきちんと遵守していない。[22] このような状況で韓国が隣国からの露骨な核の威嚇にもかかわらず、国家生存の選択をあきらめてNPT体制の模範国家として残ると言えば、大国は表では拍手をして歓迎するだろうが、心の中ではあざ笑うだろう。

先ほど紹介したように米韓間相互認識調査によれば、韓国の独自核保有に対して米国人41・4％が賛成し、31・5％が反対していることが明らかになり、賛成比率が9・9％も高かった。[23]

韓国の核武装が直ちに「ならず者国家」への転落につながるなら、米国民の多数がこのように賛成の立場を示さなかっただろう。韓国が過剰な「優等生コンプレックス」から脱することができず、北朝鮮の核威嚇を運命として受け入れ続けていくのか、それとも核保有によって朝鮮半島情勢が安定することが北東アジアと世界平和にも役立つことを周辺国と核保有国に積極的に説得し、新しい平和の時代を切り開いていくのか、国民の賢明な選択が必要だ。

3　米韓同盟と戦時作戦統制権返還の問題

Q　韓国が核武装すれば、米韓同盟は解体されるのか？

前出のロバート・アインホーン氏は韓国の核武装後、米韓同盟が次のように弱体化する可能性があると指摘する。

韓国の核兵器保有によって米韓同盟を救うどころか、深刻に弱体化させる恐れがある。それは必ずしも相互防衛条約の終焉を意味するわけではない（米国はドゴールの核抑止力を歓迎してはいないが、米国とフランスは依然としてNATO同盟国である）。しかし2つの分離された核の意思決定センターが存在することで、同盟の性格が根本的に変わる可能性がある。必要な場合、核兵器で韓国を防御するという米国の公約（すなわち核の傘）が消えたり、条件付きに変わったりする可能性がある。米国はそれでも韓国に軍隊を駐留させるかもしれないが、在韓米軍の配備に賛成していた米国の立場が変わる可能性もある。韓国が自ら防御でき、米国の公約をこれ以上信頼しないと主張するようになれば、米国の政治家と大衆はなぜ韓国に軍隊を駐留させる費用と危険を甘受しなければならないのか問うかもしれない。韓国の立場から見れば、独自の核能力を期待する戦略的自治権の支持者は米軍の部分または全面撤収を歓迎する一方、核兵器力量によって通常兵器の抑止力に対する投資を減らすことができると考えている。同盟国の固有の連合指揮体系が韓国の核武装化でも維持できるかどうかや、その形態は推察しかできない。[24]

米国の専門家たちが韓国の核武装後に米韓同盟がどのように変わるのか、弱体化しないのかについて憂慮するのは当然のことだ。韓国が核を保有することになれば、軍事協力の形態が変わることは避けられない。しかし、これを同盟の弱体化ではなく韓国がより大きな役割を担う形への進化と解釈するのが望ましい。

韓国が独自の核兵器を保有することになれば同盟が必要なくなり、解体されるという一部の専門家の主張は明らかに事実と異なる。米国は中国と非常に近い距離にある平沢に世界最大規模の在韓米軍基地を置いている。米中戦略競争が激しくなるほど、韓国の戦略的価値はさらに大きくなる。北朝鮮の脅威に対抗するために日米韓の協力強化を強調している米国が、北朝鮮と中国に有利になるように米韓同盟を破棄する可能性は低い。しかも米国には核を保有する韓国のほうが北東アジアでさらに頼もしく強力な同盟になり得る。

韓国は中国やロシア、日本のような超大国に囲まれているため、もし同盟が解体されれば北朝鮮だけでなく、これら超大国を対象に新たな戦略を確立しなければならない難しい状況に置かれることになるだろう。したがって北東アジアから地球の他の地域に移ることができない地理的条件下に置かれている韓国政府は、同盟の維持に死活的な利害関係を持っている。

韓国の一部の専門家は、核保有がどんな論理を駆使しても米国の公約に対する不信を土台に据えることになり、「同盟国に対する信頼低下は結局、同盟瓦解につながりかねない」という極端な主張をする。[25] しかし米国は4年ごとに大統領選を行い、大統領選で孤立主義を標榜する候補が当選すれば同盟は弱体化する恐れがある。したがって米国の公約を無条件に信頼しなければならないと主張することは、米国の政権交代による政策変更の可能性をまったく考慮せず、韓国の運命を米国に全面的に委託しようということだ。

Q　米国の拡大抑止への依存が独自核武装より経済的なのか?

核武装反対論者たちは、米国の核の傘だけで北朝鮮への核抑止が可能であり、米国の拡大抑止提供が韓国独自の核武装よりも国益に役立つと主張する。ところが米国の核の傘では北朝鮮の核脅威への対応が十分でないため、韓国は北朝鮮の核・ミサイル開発費用の10〜13倍もの金額を「キルチェーン」と「韓国型ミサイル防衛システム」の構築に投入している。しかし韓国が核武装をすることになれば、このような莫大な費用を減らすことができるため、米国に依存するよりも国益に合致する。

韓国は2014年の1年間だけで約9兆ウォン規模の兵器を海外から購入した。核兵器の開発に必要なのは、その約9分の1の1兆ウォン程度だと知られている。2017〜2021年の韓国の武器輸入額は65億ドルで、2012〜2016年に比べて71%も増加した[26]。「時事ジャーナル」が単独入手し2023年5月に公開した防衛事業庁の「3000億ウォン（約350億円）以上の海外武器体系購買事例」を見れば、尹錫悦政権が2022年5月〜2023年4月4日までに12件の海外武器購入を決めたことが分かる。購入したすべての武器が米国製だ。事業予算は計18兆6725億ウォン（約2兆2000億円）だ。一方、文在寅政権が任期5年（2017年5月〜2022年4月）の間に海外武器を購入したのは4件で2兆4922億ウォンだ。購買件数でも尹政権が1年で文政権の3倍に達したのだ。国防技術振興研究所が発刊する「2022世界防衛産業市場年鑑」によれば、韓国は2017〜2021年の世界主要武器輸入国7位を記録した。日本は武器輸入国の順位で10位だった。

世界各国が2022年に支出した国防費は3000兆ウォンに迫り、史上最高値を記録した。

韓国は「世界3位の経済大国」日本を抜いて4６4億ドルで9位を占めた。日本は4６0億ドルで10位だ。２０２1年の発表では韓国が10位、日本が9位だったが、順位が入れ替わった。[27]

韓国が通常兵器だけで北朝鮮に対応しようとするなら、このように海外兵器の輸入費用と国防費が急増するほかない。ところが韓国が核兵器を独自に開発すれば、兵器輸入費用を顕著に減らすことで国防費を節減し、福祉と教育などにさらに多くの予算を投入することが可能だろう。韓国は人口高齢化と超少子化によって経済活動人口は減り続け、扶養人口は増えている。そして高速成長時代はすでに終わり、中速成長から低速成長に移行し、近い将来マイナス成長時代に入る可能性がある。それゆえ韓国も今や核開発を通じた「より経済的で効率的な国防」を模索する必要がある。

Q　韓国が核武装するには、戦時作戦統制権から先に転換しなければならないのか？

一部の反対論者は、韓国が核武装するには戦時作戦統制権（以下、戦作権）の返還から実現しなければならないと主張する。しかし北朝鮮の核とミサイル能力の高度化を考慮すると、核武装と戦作権の返還を同時に推進する案も模索できるだろう。もちろん戦作権返還が先に行われ、その次に核武装の方向に進むことが最も望ましい。韓国が通常兵器分野で世界6位の軍事強国と評価されているため、戦作権返還をこれ以上先送りする理由はない。

戦作権返還の目的は韓国軍大将を司令官、米軍大将を副司令官とする未来米韓連合軍司令部（連合司令部）の発足をもとに韓国主導の防衛体制を構築して有事の際に大韓民国を守り、勝利する軍を建設することにある。独立主権国家が自国軍に対する作戦統制権を行使するのは当然だ。朝鮮戦争直後から今日に至るまで、およそ70年余りにわたって戦時作戦統制権を外国軍司令官に委任してきたのは主権国家の職務放棄だ。韓国を除いて世界で、作戦統制権をこのように長期間委任した国はない。[28]

一部では、核兵器のない韓国がどうして核兵器を保有した北朝鮮軍を相手にできるのかと戦作権返還に反対している。そもそも米韓連合司令部も核兵器を運用していない。もし北朝鮮が核兵器で韓国を攻撃すれば、核兵器を搭載した戦略核潜水艦と戦略爆撃機、大陸間弾道ミサイルなどの戦略兵器を運用する米戦略司令部が直ちに対応しなければならない。したがって戦作権返還が実現したからといって、米韓両国の対応において大きく変わることはない。

一部の専門家は、米軍が一度も外国軍の作戦統制を受けたことがないと主張し、戦作権返還に反対する。しかし、このような主張は明らかに事実と異なる。第１次世界大戦中の１９１８年にフランスのセーヌ・エ・マヌルの戦闘で米軍と仏軍、英国軍で構成された連合軍がドイツ軍と戦った。この時フランスのフォッシュ元帥が連合軍司令官として米軍・英国軍・仏軍を作戦統制し、大戦を勝利に導いた。ドイツ軍の侵攻で甚大な戦闘力を失った仏軍は米軍や英国軍の兵力より少数だったにもかかわらず、作戦地域と敵に詳しいから作戦統制したのだ。2011年3月には国連安保理でリビアのカダフィ大佐に対する軍事制裁決議案が可決され、NATO軍がカダフィ排除作戦に参加することになった。この時、米軍の投入戦力が参戦国の全体戦力の3倍以上だったにもかかわらず、米国は植民地統治経験から現地事情に詳しいイタリアに作戦統制権を委任し、カダフィ大佐排除作戦を成功裏に終了した。[29]

これと同じように2~3年周期で交替する米軍の将軍が連合軍を指揮するより、韓国軍の将軍のほうがずっとうまく戦うことができるだろう。北朝鮮軍についてより詳しく、朝鮮半島の作戦地域について生涯にわたり研究し、訓練してきた韓国軍司令官は、不慣れな土地にやっと適応できるようになった時に離任しなければならない米軍将官よりも、さらに戦争を効果的に進めることができるだろう。[30]韓国軍が戦作権返還で自立を実現することになった時には、北朝鮮はもはや韓国軍を「傀儡軍《かいらい》」と無視できず、偶発的衝突を防ぐために軍事対話をより真剣に考慮するだろう。

4 南北関係の安定性と戦争の可能性、統一問題

Q 核武装後のインドとパキスタンの関係が与える示唆

韓国の核武装に反対する一部の専門家は、核保有後のインドとパキスタン関係を例に挙げ、韓国が核兵器を保有しても南北関係が安定しないと主張する。たとえば、ある専門家は「核保有後、インド・パキスタン間の全面戦争や核戦争は勃発しなかったが、両国間の戦略的安定は決して達成されず、むしろ周期的な危機がもたらされ、軍備競争の様相も持続した」と主張し、核保有以降、むしろ両国関係がさらに悪化したように描写する。

その一方で、この専門家は「インドの核抑止力の信頼性はパキスタンとの局地的武力衝突を通じて試されることになったが、パキスタンの核報復に対する恐れからインド軍が断固として迅速に対応できない問題点を露呈させた」と指摘する。そして「インド軍は機甲師団など大規模攻撃軍団を動員してパキスタン軍と対峙したが、核報復に対する恐れから強硬対応は自制した」と説明する。[31]

ところがインド軍が断固として迅速に、そして強硬に対応できなかったことは、言い換えれば両国の核保有によって核戦争の危険がさらに高まったのではなく、むしろパキスタンより先に核兵器を保有したインドが、戦争拡大を防ぐために過去よりも慎重に行動していることを示

している。

前記の専門家は「２０１９年2月にはカシミールのプルワマで発生したテロ攻撃を契機に統制線付近で小規模な攻防戦が続き、インド空軍が戦闘機を動員し、パキスタン領土内のテロ組織キャンプに対する電撃空襲にまで発展した」と指摘する。ところがプルワマのテロ攻撃後、インドのバラコットへの空襲とパキスタンの報復空襲を含むさまざまな措置を通じて、両国は甚大な被害なしにこれ以上の戦争拡大を望まないという信号を交わした。したがって両国間の衝突が核戦争に飛び火せずに終わったことは、戦争拡大の統制が行われたと見ることができる。

この専門家は「非核時期（１９７２〜１９８９年）には約83％の期間、平和が維持された半面、両国が核を保有した１９９０年から２００２年には17％の期間だけ軍事的危機がなかったという研究結果も存在する」[32]という非常に偏向的で恣意的《しいてき》なカプール米海軍大学院教授の研究結果を引用している。しかし周知の通りパキスタンは、１９７１年の第３次インド・パキスタン戦争で敗北したことで国土の16％に当たる東パキスタンがバングラデシュに分離・独立した。その地域の人口はパキスタンの全人口の半分以上だった。[33] １９７２年以前もインドとパキスタンは核兵器を保有していなかったが、前記の研究結果は１９７１年の第３次インド・パキスタン戦争の後からを「非核時期」と規定しており、論理的に大きな問題がある。

インド・パキスタンの専門家であるサイラ・カーン博士によると、南アジアで非核時期だった1947年から1986年の間に7度の危機状況と3度の戦争があったが、核保有時期の1986年から2004年までは4度の危機状況しかなかったという。核保有以前の時期には危機状況が容易に両国間の戦争に飛び火したのに、両国の核兵器保有が危機状況の戦争への悪化を防止したということだ。[34] カプール教授の分析よりはカーン博士の分析のほうに説得力がある。

南アジア地域の競争国であり、国境を接して領土紛争を経験してきたインドとパキスタンが核兵器を保有したからといって、領土紛争まで消えるか減ることを期待するのは無理だ。核保有以後、両国間には戦争拡大につながる危機があったが、結局核戦争に対する憂慮により戦争拡大ができなかった点を考慮すれば、むしろ「恐怖の均衡」による統制が成功した事例と見なすことができるだろう。

Q　韓国が核武装を推進すれば北朝鮮が韓国を「予防攻撃」するのか？

一部の核武装反対論者は、韓国が核武装を推進すれば、北朝鮮が予防攻撃をする可能性があると指摘する。朝鮮半島先進化財団の朴輝洛《パクフィラク》北朝鮮核対応研究会長は2023年2月「デイリアン」に寄稿した文で次のように主張した。

> 韓国が核武装を推進する場合、すでに核兵器を保有している北朝鮮による予防攻撃

（preventive attack）の可能性が非常に高くなるという事実だ。経済力が相対的に弱い立場から見ると、韓国が核兵器開発に成功すれば時間が経つほど南北の核均衡で彼らが不利になると認識するようになり、したがって韓国が核兵器を実際に開発する前に核攻撃を加えて併合しようと試みる可能性が高い。もし韓国の一方的な核武装決定で米韓同盟が弱体化した場合、北朝鮮は米国の核の傘が提供されないと考え、さらなる確信に満ちて韓国を攻撃するだろう。つまり韓国の核武装決定は、北朝鮮による核攻撃を招く危険性が高い。[35]

しかし韓国政府が米国の黙認なしに一方的に核武装を推進することは想像し難いし、核武装を推進してもバカでない限り隠密に推進し、公開することはないだろう。政府が事実を公表する時点は核武装が完了した時になるため、北朝鮮が「予防攻撃」をするには、あまりにも遅すぎることになるだろう。

Q　南北核戦争の可能性が高まるのか？

一部の専門家は「双方の核武装が全面戦争を難しくするのは核抑止の根本的な仮定であり、実際に歴史を通して裏付けられている事実」だと指摘しながらも、韓国が核武装をすると、「意図しない戦争が核戦争を招く可能性を排除できず、むしろ核軍備競争が核使用のハードルを下げ、偶発的な核使用の危険を高める恐れがある」とダブルスタンダードを突きつける。この専門家は「インド・パキスタン間の衝突が全面戦争に飛び火しないのは相当部分、核兵器の抑止効果に起因」すると評価する。それなのに韓国が核武装する場合にのみ偶発的な核使用の脅威が高まると主張することは、韓国の危機管理能力をインドやパキスタンよりもずっと低く見ているということだ。米ソとインド・パキスタンの場合は「核兵器の抑止効果」を認めながらも南北朝鮮の場合はこれを認めないなら、これは理屈が合わない矛盾する論理だ。

前記の専門家は「北朝鮮はすでに核武力法令を通じて、核攻撃を受けたわけではない状況や戦争の主導権掌握目的で核兵器を使用し得るという条件を明らかにしている。このように低く設定された核使用の臨界点は韓国の核武装でさらに低くなる可能性もある」と主張する。ところが北朝鮮の戦術核兵器の大量生産と実戦配備によって核使用のハードルが低くなっていることは深刻な脅威要因と認識せず、韓国の核武装だけを危険視することは非常に偏向的で、北朝鮮が非常に喜ぶ見解だ。

この専門家は「核武力法令によって、北朝鮮は攻撃が差し迫っているという判断だけで核兵器を使用できると明らかにしている。韓国軍の3軸体系にも北朝鮮の核使用が迫っている時に迅速に攻撃する先制攻撃概念が含まれている。韓国が核武装までするようになれば先制攻撃に対する急迫性が高まり、誤認と誤解から始まる偶発的核戦争の危険性がさらに高まる可能性がある」と主張する。しかし北朝鮮には衛星偵察能力がないため、韓国軍の攻撃を事前に察知することはほぼ不可能である。そして北朝鮮が異なる場所から同時多発的に多種のミサイルを撃てば、韓国軍が事前にこれらのミサイル攻撃を察知して「先制攻撃」することも不可能だ。核武装したからといって韓国や北朝鮮の「先制攻撃」能力が突然生まれるわけではないので、「先制攻撃の切迫性」とそれに伴う「偶発的な核戦争の危険性」が高まる可能性は現実に存在しない。

この専門家はまた「早期警報レーダーの誤作動、関連要員のミスなど冷戦時代に発生した誤警報事例は憂慮すべき歴史的経験だ」と指摘し、米ソとインド・パキスタンでは発生しなかった問題が韓国だけには発生しかねないかのように南北の危機管理能力だけを過度に低く評価する。北朝鮮の核武力政策法令は、攻撃間近の判断だけで核兵器を使用できると明らかにしているが、韓国が核兵器を保有していない時より、保有している時に北朝鮮がより慎重に行動すると見るのが合理的な判断だろう。

前記専門家は「恐怖の均衡はそれほど安定的ではなく、絶え間ない核軍備競争と、核使用の状況に近づいた数多くの危機が繰り返されてきたのが核戦略の歴史だった」と主張する。ところが何度も危機はあったが「恐怖の均衡」により結局、核戦争は発生しなかったために安定性が不安定性より大きかったと評価するのが合理的だ。

Q　南北核軍備競争が起きるのか？

一部の専門家は「核兵器競争は統制されないまま果てしなく続き、きわどい危機が何度も繰り返されたことが米ソ冷戦とインド・パキスタン事例で現れた歴史的経験」と主張する。こうした主張は一定の核均衡、つまり「恐怖の均衡」が成立することにより米ソ間で全面戦争が発生せず、印パ間でも戦争拡大が統制されている点を無視または過小評価する。

この専門家は「朝鮮半島でも北朝鮮が核弾頭を増やし、攻撃手段を多様化すればするほど、韓国は核生存性の保障と被害最小化のためにより多くの核兵器とミサイル防御網を備えようとするだろうし、これはまた類似の北朝鮮の対応措置を招くだろう」と主張する。このような主張が説得力を持つためには、韓国が核武装しなかったら、北朝鮮は「より多くの核兵器」の開発をあきらめていなければならない。しかし、実状はまったく異なる。韓国が核兵器を保有しようがしまいが、北朝鮮の核弾頭は幾何級数的に増える見通しだ。北朝鮮の核兵器が１００発になろうが200発になろうが「より多くの核兵器」を持つことを防ぐために我々が核保有をあきらめて見守るべきなのかは疑問だ。

また、この専門家は「米朝敵対関係が解消されない限り、北朝鮮は韓国だけでなく米国の核能力を考慮して戦力増強をせざるを得ないため、韓国の目に北朝鮮の核態勢は常に過度に映るだろう」と主張する。ならば、「北朝鮮の核態勢」が過剰ではないということなのか、反問せざるを得ない。このような論理で考えると、北朝鮮の核能力の高度化を中断させるために韓国は引き続き米朝敵対関係の解消に向けた外交的努力に集中しなければならない。しかし北朝鮮の米国への非妥協的な態度を考慮すると、外交交渉の再開を通じた敵対関係の解消が果たして可能なのか疑問だ。

Q 韓国が核兵器を保有しても南北の軍備統制は難しいだろうか？

一部の専門家は「核武装論者が主張するように朝鮮半島に戦略的安定が到来するという期待は非現実的であり、さらに韓国の核武装が今後、北朝鮮との軍備統制の環境を整えるという主張も、米ソの軍備統制の歴史に照らしてみると容易ではないだろう」と主張する。こう主張する専門家は金正恩氏が「韓国軍は核兵器がなく、北朝鮮軍の相手にはならない」と見る現在の状態を、そして韓国国民の約60～70％以上が北朝鮮の核の脅威に対抗するために核武装を支持する状態を「戦略的安定」状態だと見ているのか知りたい。

南北軍備統制は過去にも容易ではなく、北朝鮮が核を開発し始めてからは不可能になった。韓国が開発中の怪物ミサイル「玄武-5」の弾頭重量は約8t程度と推定され、正確な威力はあまり知られていない。もしその威力が10t程度なら、北朝鮮が約10kt威力の戦術核兵器1つを廃棄する時、韓国は玄武-5を1000発廃棄しなければならない。[36] 玄武-5の威力が約20t程度なら、北朝鮮が約10ktの威力の戦術核兵器1つを廃棄する時、韓国は玄武-5を500発廃棄しなければならない。ところが北朝鮮は戦術核兵器より威力が10倍以上の水素爆弾も保有している。したがって北朝鮮だけが核を持っており、韓国に核がなければ軍縮交渉そのものが根本的に不可能だ。

Q　南北は統一の道からさらに遠ざかるのか?

反対論者たちは、韓国が核武装すれば南北間に核軍備競争が発生し、統一の道から遠ざかることになると主張する。しかしランド研究所と峨山政策研究院が展望したように、北朝鮮が2027年頃に約200発程度の核兵器を保有することになれば、南北軍事力の格差はさらに拡大するほかない。そして北朝鮮が「核強国」になれば、韓国がいくら経済力で北朝鮮より優れているとしても韓国主導の統一は実現できない。韓国は4000発を超える核兵器を作ることができる核物質を保有しているため北朝鮮との核軍備競争を恐れる理由はまったくなく、韓国主導の統一のためにも南北朝鮮の核均衡は必須だ。

北朝鮮の核とミサイル能力が高度化すればするほど、保守政権であれ進歩政権であれ、南北協力の機会さえ減ることに問題がある。文在寅政権が南北関係の改善に強い意志を持っていたのに金剛山観光の再開すらできなかったのは、ほかならぬ北朝鮮の核能力高度化による国際社会の強力な制裁のためだった。北朝鮮の核能力が初歩的な水準にあった時に可能だった南北交流や協力が、核能力が高度化するにつれほとんど不可能になった。したがって韓国政府が核問題に対する政策を根本的に転換しない限り、再び進歩政権が発足したとしても朝鮮半島の平和と南北関係の改善は期待できないのが実情だ。

もし核均衡が実現すれば、今のように北朝鮮が短距離弾道ミサイル数発を日本海上に発射したとしても社会全体が緊張しなくてもいいだろう。そして南北交流や協力を通じて北朝鮮に外貨が入れば、それが北朝鮮の核とミサイル開発に転用されると憂慮して反対する声も減り、金剛山観光の再開と開城工業団地の再稼働の可能性も高まるだろう。南北の核均衡が実現すれば米国に対する依存度も減少し、韓国の対北朝鮮政策も米国の政権交代から受ける政策の影響も少なくなるだろう。

5　その他のよくある質問

Q　核武装の主張は極右の主張で、核武装は悪なのか？

ある専門家は、「一部の国内勢力が米国の超強硬派や日本の極右勢力と力をあわせて、北朝鮮にビッグディールかノーディールの中で二者択一しろと圧迫し、北朝鮮の合理的な安全保障の懸念を考慮した段階的な非核化方式（Good Enough Deal）をスモールディールと貶《おとし》めて反対した」と主張し「北朝鮮の核脅威を除く試みを妨害した者たちが今になって核脅威を前面に出して核武装を主張している」と非難する。確かに尹錫悦政権の高官級の外交関係者の大部分が2019年2月のハノイ米朝首脳会談で金正恩氏の段階的非核化方式を批判した。だからといって彼らが現在、核武装を支持しているわけではない。むしろ彼らの大半は米国との関係が一時的でも悪化することを憂慮し、核武装に反対する立場だ。

現在、核武装を主張する専門家の中には保守的な専門家が相対的に多いが、文在寅政権で外交関連の重要な職責を務めた人物もいる。2017年の大統領選では文在寅候補を、2022年の大統領選では李在明《イジェミョン》候補や李洛淵《イナギョン》候補を支持した人物もいる。特に2022年2月のロシアのウクライナ侵攻と9月の北朝鮮の核武力政策法令採択後、相当数の進歩的専門家が「交渉による北朝鮮の完全な非核化」はもはや実現不可能な目標になったと評価し、韓国の核武装および南北核均衡の必要性に共感している。

したがって核武装論を極右の主張と見なすことは不適切だ。韓庸燮《ハンヨンソプ》元国防大学校副総長は2023年6月19日、韓国核政策学会などが開催した学術会議で「韓国の左派民族主義者たちが今は軍事主権を掲げ独自の核開発を支持するが、私たちが米国と国際社会の制裁を受け始めた瞬間、立場を変え『保守政権退陣運動』を行うなど、急変する可能性を排除できない」と主張した。[37] このような主張は現在、一部の進歩的専門家と国民も核開発を支持している状況変化を反映するものだ。

極右陣営でも核武装を主張しているが、彼らの主張はスローガンに止まって、具体的なロードマップも国際社会の説得論理も提示できずにいる。そのため2022年に超党派協力を強調する韓国核安保戦略フォーラムが発足して核武装論を主導すると、極右勢力の核武装論は急速に影響力を失うことになった。

一部の専門家はまた「韓国の核武装論はすなわち朝鮮半島非核化政策の放棄を意味する点で、彼らの主張は破廉恥《はれんち》で無責任なものだ」と言い、まるで「朝鮮半島非核化」政策は善であり、核武装は悪でしかないかのように罪悪視、犯罪視する二分法的アプローチをしている。「非核化」が善で「核武装」が悪なら、すべての核保有国は悪魔で、非核国家は天使と見なされることになるだろう。しかし韓国だけを悪魔化する専門家たちは、既存の核保有国に対しては沈黙し、韓国だけを問題視するダブルスタンダードを適用している。

そして彼らの一部は北朝鮮の核保有は防御的で交渉用だと見なし、罪悪視したり犯罪視したりするどころか、むしろ密かに正当化する偏向性を見せている。もし一部の専門家が本当に「非核化」は善であり「核武装」は悪だと考えるなら、彼らは韓国の核武装論だけを批判するのではなく、米国、中国、ロシア、インド、パキスタン、イスラエルと北朝鮮に対しても同じ物差しで批判しなければならないだろう。

Q 核武装論は国民の世論に便乗したポピュリズムか?

一部の専門家は、統一研究院(KINU)の2023年6月の世論調査と関連して、核武装論を「国民の核武装支持世論に便乗したポピュリズム」として一方的に罵倒する。2023年6月5日に統一研究院が発表した「KINU統一意識調査2023」調査報告書によると、核保有に賛成する回答は60・2%であった。ところが同報告書は核開発推進によって直面しうる6つの危機(経済制裁、同盟破棄、安保脅威深化、核開発費用、環境破壊、平和イメージ喪失)を1つずつ提示した後、核武装に同意するかどうかを再度尋ねたところ、36~37%水準に止まったと評価した。この調査結果を土台に一部の専門家は「核武装論は政権与党が脆弱《ぜいじゃく》な権力基盤を挽回するために国民の世論に便乗したポピュリズムだという点をよく示すものだ」と主張する。

ところが、この調査報告書は、核武装反対論者の先入観と偏見を土台に、核武装時に甘受しなければならない「費用」を過剰に強調し、核武装で得る「便益」に関してはまったく言及しないまま進められた偏向的で党派的で政治的な世論調査だった。言い換えれば、この調査報告書は世論調査の形式を借りた事実上の世論歪曲《わいきょく》、捏造《ねつぞう》だ。したがって、このように大きく歪められた世論調査の結果を土台に、核武装論が国民世論に便乗したポピュリズムだと主張することこそ偏向的だ。

核武装のオプションを放棄したワシントン宣言について政権与党の主要幹部の大半が絶対的な支持を表明したことからも分かるように、核武装論は決して与党の党論ではない。与党の一部の人々が個人的に核武装を主張することと、与党の党論は明確に区別されなければならない。

Q　核武装より北朝鮮との対話と外交がもっと必要なのでは？

一部の専門家は「北朝鮮が核兵器を使用すれば北朝鮮も共倒れするほかないのに、まさか核兵器を実際に使用するだろうか」と指摘し、必要なのは米国の拡大抑止強化や韓国の核武装ではなく、北朝鮮との対話および外交だと主張する。しかし先に述べたように、北朝鮮は2019年の米朝首脳会談と実務者会談の決裂後、米国および韓国との外交および対話を一切拒否している。その一方で、中国やロシアとは多様な形で対話を続けている。そして2022年12月末に開催された労働党中央委員会第8期第6回総会で「戦術核兵器の大量生産」と核弾頭保有量を「幾何級数的に」増やすことを基本とする「2023年度核武力および国防発展の変革的戦略」まで採択した状況だ。したがって、このような状況で北朝鮮との外交および対話にだけ執着することは、国家の安全保障を危険に陥れる平和至上主義的な態度だ。

外部からの深刻な脅威が存在する限り、それに備えながら、同時に軍事的緊張緩和と対話を推進することが賢明なアプローチだ。先述した通り、ドゴール氏が核開発を進め、ソ連および東欧諸国との関係改善を推進した事実から教訓を得る必要がある。1958年にドゴール氏が再び権力の座に復帰すると、フォスター・ダレス米国務長官が同氏を訪ね、米国の外交政策の要点を「世界の共産化」というスローガンの下に膨張するソ連帝国主義を封鎖し、必要ならば破壊することだと力説した。これに対し、ドゴール氏は「ソ連からの偶発的侵攻に対して、政治的および軍事的に強力に備える必要がある」と指摘し「クレムリンと接触を試みてみるのも望ましい」と話した。そして「フランスは東西間の緊張緩和を提案する一方で、最悪の事態に対する備えも怠らないでしょう」と強調した。[38]

このようにドゴール氏は独自の核保有を推進すると同時に東西の緊張緩和を模索したため、1960年代にはニキータ・フルシチョフソ連共産党書記長と単独首脳会談を開催し、フランス・米国・英国・ソ連の4カ国首脳会談も主導することができた。もしドゴール大統領が安全保障を米国に依存し続け、核保有を放棄していたなら、核強国の首脳と対等な立場で緊張緩和と軍縮問題に関して論議することはできなかっただろう。

これと同様に、韓国も核武装国家である北朝鮮と対等な立場で論議することを望むなら、独自の核保有が絶対に必要だ。もし韓国が自国の安全保障を米国だけに依存し続け、核保有を放棄するなら、北朝鮮は朝鮮半島の平和問題に関しては核保有国である米国だけを相手にしようとするだろう。したがって北朝鮮との対話を期待して核保有を放棄することは、韓国の交渉力を弱める非常に愚かな選択である。

脚注

1 鄭成長、「核武装反対論者の10の誤りに反論する」、〈新東亜〉2016年12月号、222～229ページ：鄭成長、「核武装、国家生存と統一のための不可避な選択」、ユン・テゴンほか〈韓国の論点2017〉（ブックバイブック、2016）、130～140ページ。

2 ロバート・アインホーン、「韓国は核兵器を保有すべきか？」、2022韓米核戦略フォーラム発表論文（2022.12.17.）参照。

3 チョ・ウンジョン、「[特別対談]『米国が韓国の核武装を容認する可能性も』vs『米韓同盟に負担』」参照。

4 イ・ミンソク「北朝鮮が非核化しないことは世界が知っているのに…韓国の核保有の熱望を防ぐことは容易なのか」、〈朝鮮日報〉、2023.5.14.

5 ロバート・アインホーン、「韓国は核兵器を保有すべきか？」、2022年韓米核戦略フォーラム発表論文（2022.12.17.）、194ページ。

6 イ・サンス、「[寄稿]『強対強対応』戦略から脱して実用外交の代案を用意しなければならない」、〈ニュースピム〉、2023.02.06.
7 Charles D. Ferguson, “How South Korea Could Acquire And Deploy Nuclear Weapons”を参照。
8 ロバート・アインホーン、「韓国は核兵器を保有すべきか？」、２０２２年韓米核戦略フォーラム発表論文（2022.12.17）、１９４ページ。
9 「[社説] 米の二重基準によるＮＰＴ無力化を憂慮する」、〈ソウル新聞〉、2006.03.04.
10 Charles D. Ferguson, “How South Korea Could Acquire And Deploy Nuclear Weapons” を参照。
11 ロバート・アインホーン、「韓国は核兵器を保有すべきか？」、２０２２年韓米核戦略フォーラム発表論文（2022.12.17）、１９４〜１９５ページ。
12 チョ・ウンジョン、「[特別対談]『米国が韓国の核武装を容認する可能性も』vs『米韓同盟に負担』」参照。
13 イ・ユンジョン、「ＬＮＧ・油類・石炭の燃料費が高騰しているが…ウクライナ危機で輝いた原発」、〈朝鮮ビズ〉、2022.03.04.
14 カン・ヨンジン、「ロシアのエネルギー輸出制裁から原子力が除外された理由は？」、〈ニューシス〉、2023.03.07.
15 キム・セオプ、「米国・欧州、ロシアに濃縮ウラン20％依存…エネルギー独立の妨げに」、〈グローバルエコノミック〉、2022.07.19.
16 Charles D. Ferguson, “How South Korea Could Acquire And Deploy Nuclear Weapons”を参照。
17 チョ・ウンジョン、「[特別対談]『米国が韓国の核武装を容認する可能性も』vs『米韓同盟に負担』」参照。
18 徐鈞烈、「檀弓、韓国型核開発事業」、国民の力の柳性杰国会議員主催の「大韓民国の独自核保有、必要なのか」と題した討論会の討論文（2023.4.17.）。
19 クォン・ソンフン、「中国・北朝鮮の核弾頭数増加で核均衡に悩む米国」、〈毎日新聞〉、2023.5.02.
20 Charles D. Ferguson, “How South Korea Could Acquire And Deploy Nuclear Weapons”を参照。
21 ムン・ビョンギ、「米中パワーゲームに台湾—南シナ海で戦争勃発の危険」、〈東亜日報〉、2022.1.17.
22 宋金永、「ロシアのベラルーシ戦術核兵器配備の背景と展望」、〈外交広場〉、2023.6.23.
23 シン・ジンウ、ソン・ヒョジュ、「[単独]『韓国独自の核保有』韓国人64％—米国人41％賛成」、〈東亜日報〉、

2023.3.31.
24 ロバート・アインホーン「韓国は核兵器を保有すべきか?」、193ページ。
25 車斗鉉、「独自核武装、支払う代価があまりにも大きい」、50ページ。
26 パク・ウンハ、「韓国・日本・オーストラリア、武器輸入急増なぜ」、〈京郷新聞〉、2022.3.14.
27 キム・ヒョンジ、チョ・ヘス、「[単独] 尹錫悦政権、1年で『米国の兵器』だけで18兆ウォン購入…文在寅政権の5年間の7倍」、〈時事ジャーナル〉、2023.5.12.
28 鄭京泳、「戦作権転換と国家安保」(メボン、2022)、13ページ。
29 鄭京泳、『戦作権転換と国家安保』、99〜100ページ。
30 鄭京泳、『戦作権転換と国家安保』、102ページ。
31 金廷燮、「韓国の独自核武装と戦略的安定性」、〈世宗政策ブリーフ〉No.2023-2 (2023.2.28.)、15〜18ページ。
32 キム・テヒョン、「インド―パキスタン紛争の理解」(西江大学出版部、2019)、211ページ。
33 キム・テヒョン、「インド―パキスタン紛争の理解」、82〜86ページ:李昌偉、「北朝鮮の核の前に立つ我々の選択」、140ページ。
34 キム・テヒョン、「インド―パキスタン紛争の理解」、209ページ。
35 朴輝洛、「核武装論『デジャブ (deja vu)』に対する憂慮」、〈デイリアン〉、2023.2.5.
36 2023年3月28日、北朝鮮が〈労働新聞〉を通じて初めて公開した「火山―31」という名称の規格化された戦術核弾頭の威力について、専門家たちは10kt前後である可能性が高いと見ている。庾龍源、「直径50センチの戦術核弾頭を持ち出した金正恩…北の『小型化・標準化完成』主張」、〈朝鮮日報〉、2023.3.29.
37 チョ・ムンジョン、「韓国、核武装よりは社会的合意を復元し『ウラン濃縮権限』を確保すべき」、〈ニューデイリー〉、2023.6.20.
38 シャルル・ドゴール「ドゴール、希望の記憶」321〜323ページ。

特別寄稿

日本が核保有を真剣に考慮すべき理由

日本は世界唯一の被爆国であり、核兵器に対し国民の大部分が非常に強い拒否感を持っている。だが、もし米大統領選で「米国優先主義」を強調する政治家が当選して「世界の警察」の役割を拒否し、同盟を軽視して自国の経済的利益だけを重視し、海外の米軍を撤収または削減し、同盟国にこれ以上米国に依存せず自力で安全保障を解決するよう要求するなら、日本はどのような選択をすべきか？ 中国が台湾に侵攻しても米国が台湾防衛に乗り出さず、米国がむしろインド太平洋地域で自国の役割を縮小し、韓国が北朝鮮の脅威に立ち向かうために核武装を推進する時にも、日本だけが非核国家として残り続けるのか？ もし韓国と日本が核武装することになれば、北東アジアでどの国家も他の国家を核兵器で威嚇できない力の均衡状態が確立され、持続可能な平和と安定の新しい時代が開かれるだろう。したがって日本も外交安全保障パラダイムの大転換を真剣に模索しなければならないだろう。

日本国民の大部分は、米国がいかなる場合にも自国を守ってくれると絶対的に信頼している。

ところが周辺国、特にロシアと中国、北朝鮮はいずれも核兵器を持っているのに、非核国家である日本がこれらの国家と独自に対抗できるだろうか？

1945年以降約80年間、米国は自由陣営を守る「警察」の役割を果たしてきた。しかし近い将来、米国にこれ以上そのような役割を期待できない時代が来るかもしれない。それゆえ日本と韓国は核兵器を持った北朝鮮と周辺国の脅威に対抗するために、自国の安全保障を今のように米国にほぼ全面的に依存するのではなく、自らの力で自国を守らなければならない新しい時代を迎える準備を始めなければならない。

しかし、このような外交安全保障政策の大転換は決して容易な課題ではないだろう。被爆の衝撃によって、とてつもない恐怖を核に対して抱いている日本国民には、日本も国家安全保障のために独自の核兵器を保有しなければならないという主張は、非常に大きな拒否感を与えるからだ。そして国際社会も、まだ日本が核兵器を保有することを受け入れる準備ができていない。にもかかわらず、日本が中長期的に核保有問題について考え悩み、推進しなければならない理由は、日本の安全保障環境が今後さらに悪化する可能性が高いためだ。

1　米国が「世界の警察」の役割を放棄する

米国が「世界の警察」の役割を放棄する可能性がある。もし2024年や2028年の米大統領選で同盟を軽視し、孤立主義的な政治家が大統領に当選すれば、米国の友好国や日本を防衛するという意志は著しく弱まる恐れがある。しかも日本は中国やロシア、北朝鮮のように核兵器を持った国家に隣接している。そのため日本も独自の核兵器を保有しなければ、これらの国々の核の脅威に効果的に対応することは不可能だ。

米国の「世界の警察」の役割を拒否するドナルド・トランプ前米大統領の立場はウクライナ戦争に対する主張によく表れている。２０２３年1月26日、米国防総省がロシアと戦争中のウクライナに31両のエイブラムス主力戦車を支援すると明らかにすると、トランプ氏は「核戦争を招く恐れがある」として戦車を支援することを非難した。同氏はこの日、自身のソーシャルメディアである「トゥルース・ソーシャル」で「戦車が来れば、次は核弾頭になるだろう」とし「この狂った戦争を今すぐ終わらせよう。そうするのは、とても簡単なことだ」と書いた。[1]

同年1月29日、米ニューハンプシャー州サレムのある高校の講堂で開かれた共和党の年次行事の演説で、トランプ氏は再びジョー・バイデン大統領を名指しし「弱さと無能さで私たちを第3次世界大戦直前まで至らせた」と主張した。そして「米国を中心とした西側諸国の主力戦車がウクライナに到着した場合、ロシアとの核衝突の危険まで高まるだろう。戦車が動けば、その次は当然、核でなければ何だろう。今すぐこの狂った戦争を止めるのが一番正しい」と苦言を呈した。[2]

トランプ氏のこのような立場に照らしてみると、彼が大統領に再選されれば、ウクライナに対する軍事および経済支援を中断する可能性が高い。彼は自身の大統領選公約を整理して公開した「アジェンダ47」で「バイデン大統領がウクライナ戦争介入で国防予算と軍需資源を枯渇させた」と非難し、欧州からこれを返してもらわなければならないと主張した。[3]

米国国民の間で同盟国を防衛するという意識が弱まっているのも問題だ。米外交専門シンクタンクのシカゴ国際問題評議会（ＣＣＧＡ）が２０２３年９月に成人３２４２人を調査し、10月に発表した結果によると、「北朝鮮が韓国に侵攻する場合、米軍が韓国を防衛すべきだ」という回答は50％だった。２０２１年の同じ調査では63％、２０２２年には55％だったのに、どんどん低くなっているのだ。与党・民主党の支持層57％は米軍の韓国防衛を支持したのに対し、共和党支持層の53％は米軍の韓国防衛に反対すると答えた。[4] したがって米大統領選で共和党候補が当選すれば、支持層の声を受け入れて北朝鮮の韓国侵攻時、韓国防衛に消極的に臨む可能性を排除できないだろう。

2　中国の台湾侵攻と北東アジア安全保障環境の悪化

米国で孤立主義性向の政治家が大統領に当選すれば、台湾と北東アジアの安全保障環境が急激に悪化する恐れがある。トランプ氏は、なぜ小さな島国（台湾）のために米国が核武装した強大国（中国）と戦争をしなければならないのか理解できない。このため、中国の習近平国家主席と（米国が）台湾を放棄する取引をする可能性がある。[5]

トランプ氏は2023年6月29日、ロイター通信とのインタビューで（大統領に再選された後に）中国が台湾に侵攻したら、米国が台湾を軍事的に支援するかどうかについての回答を拒否した。同氏は「私はそれについて話さない」とし、「私が言わない理由は、それが私の交渉の立場を害するためだ」と述べた。[6]

同年9月17日、米NBC放送の「ミート・ザ・プレス」のインタビューで、台湾が中国の侵攻を受けた場合、台湾を防衛するのかという質問にトランプ氏は「私は言わない」とし「それを言えばただで与えること（giving away）になるからだ」と述べた。続けて彼は「ただで与えるのは馬鹿者たちだけだ」とし、明確な立場を明らかにしないことをはっきりとさせた。[7] 同氏のこのような発言は、中国が台湾に侵攻した場合、米中交渉で米国が望むものを提供することを約束すれば、米国が台湾防衛に乗り出さない可能性があることを示唆するものだ。

2024年1月フォックスニュースが「もしトランプ政権が再び生まれる状況で、中国が台湾に対し武力挑発を敢行する場合、米国と中国の戦争に至る可能性を甘受してまで台湾を支援する考えがあるか」と質問するや、トランプ氏はより明確に米国が台湾を助ける必要はないと答えた。そして「もともと米国は自分たちで半導体を生産していたが、今では全世界の半導体の90%を台湾が作り出している」とし「台湾が私たちの半導体産業をすべて食い荒らしてしまった」と主張した。[8] 台湾を守ることが米国の国益にも合致しないということだ。

前記のような立場を取っているトランプ氏が大統領に再選されれば、ウクライナと台湾に対する軍事支援は縮小される可能性が高い。そのため外交サークルの内外では「トランプ氏の再選を最も切実に望む2人は習近平氏とプーチン氏」という言葉まで出ている。[9]

2023年9月、中国で開催された国際学術会議に参加した筆者は、当時の中国の共産党幹部と専門家の台湾統一に対する意志があまりにも強力であることに衝撃を受けた。台湾に侵攻すれば国際社会から強力な制裁を受け、経済が大きな打撃を受けると見られるのに中国が果してそのような無理な選択をするだろうかと、侵攻の可能性を低く見る見方がある。しかし習近平主席が台湾を統一すれば、毛沢東も果たせなかった中国統一を成し遂げることになる。このため彼が長期政権維持の手段として武力統一さえ辞さない可能性は排除できない。米インド太平洋軍のジョン・アキリーノ司令官も2024年3月20日、米下院軍事委員会の聴聞会に参加し、中国が2027年までに台湾を武力で統一できる力量を確保するとの見通しを示した。[10]

3　インド太平洋地域における米国の役割縮小

インド太平洋地域における米国の軍事的役割は著しく縮小する可能性がある。トランプ政権

2期目の国防長官候補として取り上げられているクリストファー・ミラー元米国防長官代行は2024年3月13日、韓国の「東亜日報」とのインタビューで、アジアでの集団防衛に関する質問に対し「米国はこれを主導するよりは（インド太平洋地域の主要同盟国である）オーストラリアとニュージーランド、日本、韓国を支援する役割であるべきだ」と答えた。そして「韓国と日本などは莫大な軍事力を持っているため、より強い責任感を持たなければならない。拡大抑止でも、米国は主導するのではなく支援する役割であるべきだ」と指摘した。[11]

　しかしインド太平洋地域、そして韓国と日本の防衛に関連して米国が「主導的役割」の代わりに「支援する役割」に退くとしたら、韓国と日本は核を持つ中国と北朝鮮、ロシアをどう相手にできるのか？　ミラー氏は「韓国は『漢江《ハンガン》の奇跡』（経済発展）によって、これ以上、武器体系や安全保障支援を米国に依存する必要はない」と話した。そして「現在、米韓関係はもう少し平等になれる時点に来ている。韓国が依然として2万8500人の在韓米軍を必要とするのか、それとも変化が必要なのか率直に話す時が来た」と指摘し、トランプ氏が再選されれば在韓米軍削減が検討されることを強く示唆した。

　同氏は「トランプ前大統領を代弁するのではなく個人的な意見だ」としてこのように話したが、それ以前にトランプ氏が推進した政策とおおむね同じ脈絡だ。彼が韓国について語った話は日本にもそのまま適用され、より「平等な」日米関係を追求しながら在日米軍削減も推進する可能性が高い。ミラー氏は退任後に出した回顧録で中国脅威誇張論を掲げ、米国防費の40〜50％削減を主張したことが分かっている。[12]米国がこれだけ国防費を削減するためには、海外駐留米軍の削減が避けられないだろう。

2020年11月、トランプ大統領は退任の2カ月前、アフガニスタンとイラク駐留米軍の一部撤収を指示した。当時、アフガンに米軍4500人、イラクに3000人が駐留していたが、バイデン大統領が就任する2021年1月20日の直前の1月15日までにそれぞれ2000人と500人を撤収させたのだ。[13]その結果、アフガン駐留米軍の44％、イラク駐留米軍の17％が非常に短い期間内に撤収した。民主党はもちろん、与党の共和党、同盟国の憂慮にもかかわらず、トランプ大統領は退任直前に主要外交・国防政策をこのように押し通した。

4　北朝鮮の核脅威と韓国の独自核保有

ランド研究所と峨山政策研究院が2023年8月に作成した報告書「韓国に対する核保障強化プラン」は、北朝鮮が少なくとも180発の核兵器（核弾頭）を保有していると推定し、2030年には最大300発の核兵器を保有すると予想した。そして、もし金正恩総書記が2025年から核兵器生産を2倍に増やすことができれば、2028年までに300発を達成すると見通した。[14]

北朝鮮の核兵器保有量が急速に増加する中、金正恩氏は2023年12月、朝鮮労働党中央委員会第8期第9回総会で「有事の際、核武力を含むすべての物理的手段と力量を動員して南朝鮮の全領土を平定するための大事変の準備に引き続き拍車をかけていかなければならない」と指示した。[15] さらに2024年1月15日、最高人民会議第14期第10回会議の施政演説を通じて大韓民国が北朝鮮の領土、領空、領海を侵犯すれば、それは直ちに戦争挑発と見なされるだろうとした。朝鮮半島で戦争が起きる場合には「大韓民国を完全に占領、平定、修復」し、北朝鮮領域に編入させる問題を憲法に反映させることが重要だと強調した。また最高人民会議の施政演説で「不法・無法の『北方限界線（NLL）』をはじめ、いかなる境界線も許されないし、大韓民国が我々の領土、領空、領海を0・001㎜でも侵犯すれば、それは直ちに戦争挑発と見なされるだろう」とすることでNLLを認めず、現状を打破する意志を明らかにした。[16]

金正恩氏が朝鮮労働党と軍隊、国家の主要幹部の前で、この時ほど露骨かつ持続的に有事の「韓国領土占領準備」を指示したことはない。そして、このように北朝鮮の最高指導者が黄海のNLLを無力化するという意志を強く表明したこともない。

金氏のこのような発言に関連して、米ミドルベリー国際研究所のロバート・カーリン研究員とジークフリード・ハッカー教授は、北朝鮮専門メディア「38ノース」に寄稿した論文で「朝鮮半島の状況は1950年6月初め（朝鮮戦争）以後、いつにも増して危険だ」と主張した。

そして「金正恩は1950年に祖父がそうだったように、戦争をするという戦略的決定をしたと思う」と指摘した。1990年代の第1次北朝鮮核危機当時、米国側交渉代表だったロバート・ガルーチ元米国務省北朝鮮核問題担当特使も「2024年に北東アジアで核戦争が起きかねないという考えを、少なくとも念頭に置かなければならない」と主張した。[17]

このように北朝鮮の脅威がますます露骨化しており、韓国国民の核保有支持世論は依然として高い水準を維持している。2023年1月に崔鍾賢《チェジョンヒョン》学術院が発表した世論調査の結果によると、韓国国民の76・6%が韓国独自の核開発が必要だと答えた。2024年1月に発表した崔鍾賢学術院の世論調査結果でも72・8%の国民が核武装は必要だと答え、2023年に比べて約4%低くなったものの依然として高い支持率を示した。2023年4月に米韓首脳が拡大抑止の強化を主要内容とする「ワシントン宣言」を発表したが、韓国国民の不安感と核保有への熱望は決して顕著に弱まっていないのだ。

ところが、もし在韓米軍削減と米韓合同演習の縮小などを推進するならば、核武装の韓国世論が今よりはるかに高まるだろう。2023年下半期から米国の各種世論調査でバイデン氏よりトランプ氏に対する支持率がさらに高くなり、過去には韓国の核武装に否定的だった韓国専門家たちの立場も変わっている。この専門家の立場が核武装に好意的な方向に変われば、専門家に諮問を受ける政治家と政府の立場も徐々に変わるに違いない。

したがって、これまで拡大抑止に専念していた韓国の尹錫悦政権も、核武装問題を真剣に考慮することになるだろう。そして韓国の２０２７年の大統領選や２０３２年の大統領選で韓国の核保有オプションを支持する政治家が当選すれば、韓国は直ちに核武装の方向に進むことになるだろう。したがって韓国の核武装は時間の問題だ。早ければ10年以内、遅くても20年以内に韓国は核武装する可能性が高い。

5　日韓の同時核武装と北東アジアの核均衡

韓国が北朝鮮の脅威に対抗するために核武装する時でも、日本だけが北東アジアで非核国家として残るのか、日本の知識人たちは今からでも悩み始めるべきだろう。韓国と日本が国際社会の制裁を受けないか、ほぼ形式的にだけ受けて核保有国になることができる方法は、両国が同時に核保有の方向に進むことだ。次善の案は、韓国が先に核保有を決定し、日本がその後を追うことだ。韓国と日本が同時または順次に核武装すれば、米国と西欧世界が自分たちにも経済的に大きな被害が及ぶ制裁を採択することはできないだろう。

韓国と日本が核武装に成功すれば、北東アジアの安全保障状況は根本的に変わるだろう。米国、中国、ロシア、日本、韓国、北朝鮮の６カ国が核兵器で特定国家を互いに威嚇できない力の均衡状態が確立されるのだ。これを「６者相互確証破壊の均衡」と呼ぶことができる。過去、北朝鮮核問題の解決に向けて会合した6カ国がすべて核兵器を保有することになれば、北東アジアで核戦争防止と緊張緩和のために対話と協力を模索することができるようになるだろう。[18]

6 原子力潜水艦とウラン濃縮分野での日米韓の協力

北東アジアの持続可能な平和と安定のために、韓国と日本が中長期的に独自の核兵器を保有することが必要だ。だが、その前にも韓国、日本、米国は原子力潜水艦とウラン濃縮分野で緊密に協力する必要がある。

北朝鮮は2023年3月、韓国近海の水中で爆発させて港を焦土化し、米国の空母など戦略兵器の展開と米増援戦力の港への出入りを根本的に阻止できる「核魚雷」の発射訓練を行った。[19] そして同年9月に戦術核兵器攻撃が可能なディーゼル潜水艦「金君玉英雄艦」を進水させ、既存の中型潜水艦もすべて戦術核を搭載する攻撃型潜水艦に改造しようとする「低費用先端化戦略」を公開した。[20] 北朝鮮はロミオ級（1800t級）とコレ級（2000t級）潜水艦20隻余りを保有しているが、もしこれらの潜水艦をすべて改造して1隻当たり10個の発射管を備え付け、戦術核弾頭が入っているSLBMを装着したら、最大200発余りの「戦術核SLBM」の脅威が加わることになる。[21]

北朝鮮はこの他にも、2025年までに原子力潜水艦を建造するという目標を持っている。

ロシアが北朝鮮に見返りとして原子力潜水艦の建造を支援するなら、北朝鮮は２０３０年までに原子力潜水艦を確保する可能性がある。したがって北朝鮮のこのような潜水艦脅威に対応するために、韓国と日本が原子力潜水艦を保有することが絶対に必要だ。たとえ核兵器を搭載していなくても、韓国と日本が原子力潜水艦を保有することになれば、北朝鮮の戦術核攻撃潜水艦や未来の原子力潜水艦をより効果的に監視し、攻撃できるようになるだろう。

　原子力潜水艦は、隠密性と攻撃および水中作戦能力で従来型ディーゼル潜水艦が真似できない長所をあまねく備えている。原子力潜水艦の最高速度は時速46キロで、従来の潜水艦より最大3倍以上速い。敵国海域の標的を攻撃して迅速に脱出した後、最短時間で再攻撃ができる。

　１９８２年のフォークランド紛争の時、英国の原子力潜水艦は1万４４００キロ離れたフォークランド海域に約10日で到着し、アルゼンチン海軍の巡洋艦を撃沈させて戦争の勝機をつかんだ。一方、一緒に出発した従来型潜水艦は5週間もかかってようやく現場に到着することができた。これは原子力潜水艦の真価が立証された代表的な事例に挙げられる。従来型潜水艦より艦体が大きく、より多くの兵器を搭載できることも原子力潜水艦の長所だ[22]。一部では原子力潜水艦は騒音が激しく、むしろディーゼル潜水艦のほうが効果的だと主張している。ところが、最近建造されている原子力潜水艦は先端の防振マウントを取り付け、ディーゼル潜水艦以上に静かで隠密に起動できることが分かっている[23]。

3カ月以上を潜航できる原子力潜水艦に比べ、在来型潜水艦は1日に2、3回、少なくとも数日に1回は海上に出てディーゼルタービンを回して蓄電池を充電し、燃料も周期的に供給する必要がある。その過程で敵国の衛星や対潜哨戒機《たいせんしょうかいき》などに見つかる可能性が高い。隠密性が命である潜水艦の露出は生存にとって致命的にならざるを得ない。韓国海軍が保有する「孫元一級潜水艦の潜航能力は2週間だ。それも速度を5ノット以下に下げた時の話であって、非常事態が発生して20ノット以上の走行をすれば、わずか数時間でバッテリーが放電してしまう。非大気依存推進（ＡＩＰ）の最新型従来式潜水艦も最大3週間以上、水中作戦を続けることは難しい。[24]

北朝鮮潜水艦の水中の脅威に対応するためには、韓国と日本が数隻の原子力潜水艦を保有することが必要である。[25] それでも原子力潜水艦の建造には相当な期間がかかるため、[26] 日米韓首脳が今からでもこの問題に対する論議を始めることが望ましい。もし北朝鮮が数年内に米本土まで隠密に航行できる核潜水艦を進水させることになれば、確実な「第2撃（セカンドストライク）」能力を確保することになり、日米韓の安全保障にさらに深刻な脅威になるだろう。

韓国は26基の原発稼働のために世界5位圏規模の濃縮ウランを輸入しているが、輸入量の30％以上をロシアに依存している。米国も94基の原発のための濃縮ウランの20％をロシアから輸入してきたが、最近になって輸入を禁止している。ロシアが全世界の濃縮ウランの46％、中国が15%を供給して全供給量の60%以上を占めている。ロシアと中国が商業用濃縮ウランの供給網を寡占しているのだ。したがってロシアと中国が決心すれば、全世界440基余りの原子炉の3分の2が稼働中断の危機に直面する可能性もある。[27] このため日米韓3国は、経済安全保障の面で、民間の原子力発電所に使用する濃縮ウランの生産および供給のための3者国際コンソーシアムの構築を推進する必要がある。

注釈

1 〈ソウル新聞〉、2023.01.27.
2 〈ソウル新聞〉、2023.01.29.
3 〈韓国日報〉、2023.11.30.
4 〈東亜日報〉、2023.10.05.
5 〈朝鮮日報〉、2023.11.18.
6 〈ソウル新聞〉、2023.06.30.
7 〈中央日報〉、2023.09.18.
8 〈グローバルエコノミック〉、2024.01.23.
9 〈朝鮮日報〉、2023.10.01, 〈韓国日報〉、2023.11.06.
10 〈京郷新聞〉、2024.03.21.
11 〈東亜日報〉、2024.03.18.
12 〈韓国日報〉、2023.11.30.
13 〈京郷新聞〉、2020.11.28.

14　ブルース・W・ベネット・チェガンほか〈韓国に対する核保障強化策〉（ソウル：ランド研究所・峨山政策研究院、2023）。
15　〈労働新聞〉、2023.12.31.
16　〈労働新聞〉、2024.1.16.
17　〈聯合ニュース〉、2024.01.16.
18　李昌偉「北朝鮮の核の前に立つ我々の選択」、23〜25ページ。
19　〈労働新聞〉、2023.03.24.
20　〈労働新聞〉、2023.09.08.
21　〈聯合ニュース〉、2023.09.08.
22　〈東亜日報〉、2017.08.02, 2020.08.17.
23　〈韓国日報〉、2017.02.22.
24　〈韓国日報〉、2017.10.25,〈東亜日報〉、2020.08.17.
25　〈文化日報〉、2022.10.19.
26　蔚山科学技術院（UNIST）機械航空および原子力工学部の黄一淳碩座教授は、韓国技術で原子力潜水艦を開発するのに5年程度の期間が必要だと見ている。〈中央日報〉、2020.09.29.
27　崔鍾賢学術院主催「Special Workshop 同時多発危機と米国外交―ウクライナ、中東、台湾、そして北朝鮮（2023年11月24日）」での朴仁国院長の歓迎の辞、https://www.chey.org/Kor/Notice/NoticeView.aspx?seq=227（検索：2023年12月17日）：朴仁国、「[グローバルフォーカス」韓米同盟を先端科学技術同盟に」〈毎日経済〉、2024.01.30.

訳者解説

東アジア総合研究所理事長　姜英之《カンヨンジ》

本書は2024年8月、韓国ソウルで出版された鄭成長《チョンソンジャン》著『なぜ我々（韓国）は核保有国にならなければいけないのか』を翻訳したものである。著者の鄭成長氏は現在、韓国有数のシンクタンクである世宗研究所の韓半島戦略センター長を務め、韓国において北朝鮮研究の第一人者と評価されている学者である。

この本が韓国で出版されたちょうどその頃、日米韓首脳会談が米国キャンプデービッドで開催された。北朝鮮の核・ミサイル挑発に対し、いかに米韓が対応するかについて韓国内で高まる核武装論を封じ込め米国の拡大抑止力強化で合意したこともあり、改めて韓国の核武装を主張した同書は、韓国マスコミ界でも大きな話題を巻き起こした。

米国の「核の傘」に依存することに不安を覚える韓国民の中では近年、米戦術核の再配備、さらには核武装論が出ている。尹錫悦政権もこれを無視できず、2023年1月11日、新年の国防報告会議の席上で北朝鮮核問題と関連して「深刻化すれば、戦術核兵器を再配備したり、核を保有することもあり得る」と初めて独自核武装の可能性について言及した。

これには米国政府が驚いた。韓国の核武装は、日本、台湾と東アジア核ドミノ現象を引き起こす。そうなれば、米国が最も恐れる核不拡散体制の崩壊につながり、米国の東アジア戦略が台なしになるからだ。しかし北朝鮮の挑発が頻発し、韓国としても座視するわけにいかない状況である。尹大統領は北の核先制攻撃示唆などの強硬姿勢に対し、「一戦を辞さない」と、これまた超強硬姿勢を取っている。このことからバイデン政権も尹大統領の「本気度」を無視できなくなった。

2023年4月26日、ワシントンホワイトハウスでバイデン大統領は尹大統領と首脳会談を行い、韓国が継続して米国の「核の傘」にとどまる約束を取り付けた。その代わり、バイデン大統領は北朝鮮が米国や同盟諸国へ核攻撃を仕掛ければ、北朝鮮の「終焉《しゅうえん》」を招くと強く警告。韓国政府をなだめながら、北朝鮮の核攻撃には米国が「即時の圧倒的決定的な措置を取る」とのワシントン宣言を発表し、何とか尹大統領を抑えた。

米国側が躊躇《ちゅうちょ》する戦術核の再配備や核武装に歯止めがかけられたにもかかわらず、米国や韓国において核武装論は鎮まる気配が見えない。

韓国においては、かなり以前から国民の間で核武装を支持する声が多かった。韓国の政府系シンクタンク統一研究院が2014年から核保有に関する国民の意識調査を始めた。核保有に賛成は大体60％を占め2021年には71・3％に上昇した。国民の7割が核保有に賛成するというのは、韓国民がいかに北の核・ミサイル脅威におびえているかが推し量られよう。「核には核で」対抗するしかないという単純論理ではあるが、この世論は、もはや無視できるものではない。

朝鮮半島での軍事緊張は、かつてなく高まっている。北朝鮮の核・ミサイル開発は止めようがなくなっている現状の危険性は過去とは様相が異なっている。北朝鮮はかつての冷戦時代に、ソ連と中国の2大社会主義大国に頼って政治、経済、外交、軍事を運営、両大国に対し非常に弱い立場にあった。ところがロシアのウクライナ侵攻、米中の戦略的競争の現下の国際情勢は、北朝鮮が中ロ両大国に相対的に強い立場になった。かつては中ロが北の核開発に対して米国に同調してけん制の働きをしたが、今ではそのタガが外れ、両国とも北を戦略的同盟国と位置づけ、味方に引き付けようと傾注している。ロシアは、ウクライナ戦争で北朝鮮の武器供与に期待し、中国は対米外交で北朝鮮カードを有効に使いたい。北朝鮮を目下の同盟と見下していた両大国とも今や、北朝鮮が非常に役に立つ同盟国と位置づけている。北朝鮮は、いくら核・ミサイル挑発を続けようとも国連常任理事国の中ロの後押しがあれば、制裁決議を恐れなくて済む。

2024年11月の米国大統領選挙を控えて、トランプ前大統領が再選する場合、すぐには米朝対話が再開されるとは思わないが、局面転換の可能性が高い。民主党候補者が選出されるとしても、新「戦略的忍耐」政策は廃棄され、対話に応じない北朝鮮に対し、軍事的強硬手段の発動の可能性もある。いずれにしても北朝鮮の挑発に対して米国としては、局面打開に動くことが予想される。北朝鮮の金正恩総書記は、父親の金正日《キムジョンイル》総書記より戦略家として優れているように見受けられる。誰が次の米大統領になろうとも、ゆくゆくは外交、対話局面を見越してバーゲニングパワー（交渉力）の強化のため大統領選挙前に第7回核実験を強行する可能性が高い。その核実験は、米国本土に到達する長距離大陸間弾道ミサイル（ＩＣＢＭ）に搭載可能な核の小型化実験、大気圏再突入が可能な核爆弾実験になると予想される。私はこうした見通しをもって、北朝鮮の核・ミサイル挑発を中断させ朝鮮半島の平和確保のためにはどうすればよいのかと熟慮している中で、金総書記が昨年末の労働党中央員会総会で韓国を「交戦中の敵対国家」と規定し、「有事の南朝鮮全土平定」まで主張したことに対し、これは看過できないと判断した。

そこで日本において、もっと朝鮮半島の緊迫した状況を広く知らしめる必要があると考え、緊急の時局講演会を構想した。一番大事なのは、講師とテーマの選定である。早速、北朝鮮問題に最も詳しい知人の鄭成長センター長と国際電話を通じて相談し、すでに韓国で話題となっている核武装について講演を依頼したところ快諾してくれた。２０２４年2月1日、東京学士会館で私が主宰する東アジア総合研究所の主催で新春緊急時局講演会を開催した。テーマは鮮の核攻勢、韓国はどうする？」であった。鄭成長センター長は、「韓国は、なぜ核保有国にならなければならないか？」を題目に基調講演を行った。講演会の主なテーマは、「北朝鮮の核攻勢、韓国はどうする？」であったが、当然、日本はどうする？という問題意識も含まれていた。緊急の講演会組織であったがゆえに80席の用意をしたが、１００人ほどの参加者で盛況であった。鄭センター長は韓国の核武装だけでなく、日本の核武装も主張する講演内容に核問題にトラウマを抱える日本人聴衆者がどういう反応を見せるか当初は不安があった。ところが、ほとんどすべての参加者が真剣なまなざしで傾聴したことで、講演会は成功裏に終えることができた。日本での講演が成功に終わったことに気を良くした鄭センター長は、自著の日本語訳出版を思い立ち、私に相談を持ち掛けられ、私が日本語翻訳と出版社との交渉にあたることになった。紙媒体の出版事情が非常に厳しい中、ビジネス社の唐津社長との交渉で、出版を快諾してくれたのは至極幸いであった。

韓国の核武装は今や待ったなしである。さて日本はどうするか？　広島・長崎の被爆体験を持ち、長らく戦争放棄の平和憲法を護持してきた日本人の核論議タブー視は理解できる。だが日本国民の生命と財産、国土の危急事態に際しては、すべてのタブーを排除して平和と安定の方途を探るべきではないかと思うのである。トランプ前大統領が再選した場合、大統領安保補佐官として有力視されているエルブリッジ・コルビー元米国防省副次官補はこの5月6日、韓国聯合ニュースのインタビューで「米国の主な懸案でない北朝鮮問題を解決するためにこれ以上、朝鮮半島で米軍を人質として取られるわけにはいかない」とし、「私に決定の権限があれば、在韓米軍をこれ以上駐留させない」と在韓米軍の撤退をほのめかし、北の核脅威に対する抑止として「韓国の核武装を排除しない」と述べた。韓国与党「国民の力」の重鎮、尹相炫議員は5月2日、フェイスブックを通じて「我々（大韓民国）も制限的意味の核武装をしなければならない」と主張した。制限的意味とは、「北朝鮮が核廃棄をすれば、韓国も同時に核廃棄する」というものだ（聯合ニュース2024年5月2日）。

日本においても北の脅威に対し警鐘が鳴らされている。麗澤大学の織田邦男特別教授は北朝鮮の核・ミサイル整備の加速化は「重大かつ差し迫った脅威である」とし、北朝鮮のICBMが米国本土に届くようになれば、米国の「核の傘」は「破れ傘」と化す。タブーなき議論を直ちに開始し、早急に核抑止戦略を構築しなければならないと主張する（産経新聞2024年6月7日）。

日本国民の強い核アレルギー体質をよく知っている訳者として、こんな「物騒な本」を日本語で出版するなど、著者がイデオロギチックな極右の学者の本なら、とても翻訳は引き受けていなかった。鄭センター長は自らも認めているように「韓国でも右に出るものがいないほどの平和主義者」であり、イデオロギーにとらわれないリベラリストである。彼は長い間、北朝鮮の専門家として非核化と韓半島の平和体制構築のための研究と世論形成に努めてきた。

その彼が考え方を変えたのは２０１６年1月、北朝鮮が4回目の核実験を強行した時からだ。この時、北は「水素爆弾」を実験したと明かした。そこで鄭センター長は北朝鮮の核兵器が自らの生存のためとか米国との交渉カードとかという次元を超えて、韓国の安全保障と国家存続に深刻な脅威を与えるものになったと判断したという。もはや外交・対話による非核化は不可能と確信し、米国の「核の傘」に頼ることの非現実性を喝破し、韓国の核武装を唱えるようになった。しかも単なる個人的主張にとどめるのではなく、有志の学者だけでなく、政財界人、市民団体にも呼び掛けて国家次元での独自核武装推進を実現するため不偏不党の市民団体「核安保戦略フォーラム」の代表として役割を果たしている。このフォーラムには、与野党を問わず政治家も多く参加しており、学者の机上の空論で終わらせない強い決意と具体的プランを提示している点が真骨頂である。北朝鮮が7回目の核実験を強行すれば、韓国は核拡散防止条約（ＮＰＴ）から脱退、６カ月以内に北朝鮮が非核化交渉に応じなければ、韓国は核開発に着手するというものだ。もちろん韓国の核武装がなんの障害もなくスムーズに展開されるわけではない。①米韓同盟の破綻、②制裁による韓国経済への悪影響、③莫大な核開発費用など、越えなければならない難問が多い。これらに対する対処方法と解決策は、本書に詳しく論理的に展開されているので、読者の熟読に期待したい。

鄭センター長は、最大の課題は強力な政治リーダーの出現と提言する。1970代末のカーター政権時代、米軍の一部撤退の動きが出るや危機に直面した朴正熙大統領は秘密裏に核兵器開発を始めた。ところが結局は米国の圧力に抗しきれず、断念した経緯がある。それが淵源となってか、79年10月に朴大統領は暗殺されるという悲劇をたどる。尹錫悦大統領は、大統領選挙中の公約で戦術核の再配備を唱えていた。今や独自の核武装にも踏み込んでいる。2024年2月7日、韓国KBSテレビとのインタビューで韓国内に高まる核武装論について「総合的に判断しNPTを徹底的に遵守することが国益に合致する」と米国の「核の傘」からの離脱に否定的な見方を示したが、一方で「決心すれば、（核武装の準備に）時間は長くかからない」と述べた（産経新聞2024年2月9日付）。

米韓同盟を最重要視する尹大統領としては、これらの発言は北朝鮮への単なる牽制の意味と受け取れる半面、核武装に対する意欲満々の姿勢を示すものとも解釈される。歴史的に対米依存外交で国体を維持してきた韓国である。このため尹大統領がこれから先、米国との関係破綻を甘受してまで独自核武装に突き進むことができるかは未知数である。

最後に、本書が短兵急に日本の核武装を提唱するものではないことに留意願いたい。ただ読者の皆様が朝鮮半島の有事は日本有事であること、朝鮮半島の軍事緊張状態を対岸の火事と傍観せず、日本の危機に一層の関心と注意を注ぎ、日本の持続可能な平和と安定の考察の一助になれば、訳者としても望外の喜びである。著者に代わって活字文化が低調で採算も難しい中、出版を引き受けてくださったビジネス社の唐津隆社長に心よりお礼申し上げます。

2024年6月12日

著者プロフィール

鄭成長（チョン・ソンジャン）

韓国世宗研究所朝鮮半島戦略センター長を務める傍ら、韓国核安保戦略フォーラム代表として活動している。慶熙大学政治外交学科を卒業し、パリ・ナンテール大学で修士号と博士号を取得した。2001年から世宗研究所で北朝鮮の政治や軍事、パワーエリート、金正恩のリーダーシップ、北朝鮮の核問題と南北朝鮮関係、統一戦略などを研究している。青瓦台（大統領府）国家安保室、統一部、国防部、合同参謀本部、米韓連合軍司令部などの政策諮問委員や外交部の自主評価委員会委員、民主平和統一諮問会議常任委員、KBS客員解説委員、毎日経済新聞の客員論説委員などを歴任した。《Idéologie et systeme en Corée du Nord（北朝鮮の理念と体制）》（1997）、「現代北朝鮮の政治: 歴史、理念、権力体系」（2011）など北朝鮮関連著書と論文が多数ある。

訳者プロフィール

姜英之（カン・ヨンジ）

1947年２月、大阪市生まれの在日韓国人２世。大阪市立大学経済学部卒業後、新聞・雑誌編集のかたわら韓国経済を中心にアジア経済について研究、評論活動を行う。91年、東アジア総合研究所設立、所長に就任（現在は理事長）。早稲田大学、神奈川大学、東京経済大学各非常勤講師、北陸大学教授を歴任。民団新聞論説委員、在日韓国商工会議所諮問委員、在日韓国人文化芸術協会副会長、韓国民主平和統一諮問会議海外諮問委員（議長・金大中大統領）、在日韓国新聞協会理事など幅広い社会活動を展開。90年代以降、北朝鮮思想・政治・経済研究に没頭。著書に『東アジアの再編と韓国経済』（社会評論社）、『アジアの新聞は何をどう伝えているか』（共著、ダイヤモンド社）、『「在日」から「在地球」へ』（共著、UGビジネスクラブ）など。編訳『北朝鮮年鑑』（東アジア総合研究所）、訳書に「北朝鮮は経済危機を脱出できるか」（社会評論社）などがある。

日韓同時核武装の衝撃

2024年9月1日　　第1刷発行

著　者　鄭　成長
訳　者　姜　英之
発行者　唐津　隆
発行所　株式会社ビジネス社
〒162-0805　東京都新宿区矢来町114番地
神楽坂高橋ビル5階
電話 03(5227)1602　FAX 03(5227)1603
https://www.business-sha.co.jp
カバー印刷・本文印刷・製本/半七写真印刷工業株式会社
〈装幀〉大谷昌稔
〈本文デザイン・DTP〉茂呂田剛（エムアンドケイ）
〈営業担当〉山口健志　〈編集担当〉本田朋子

ISBN978-4-8284-2645-7